ウェブはバカと暇人のもの

現場からのネット敗北宣言

中川淳一郎

光文社新書

電スポ

¥7000000000000000円

7000兆円要求男逮捕!!

『桃太郎電鉄』への改善要求通らず皆殺し宣言!!

　2009年2月、携帯電話のゲーム『桃太郎電鉄ｉモード』への改善要求メールを何度も製造元の「ハドソン」（東京都港区）に送り、その要求が聞き入れられなかったことから脅迫メールを同社に送りつけたアルバイトの男（29）が逮捕された。

　すごろくのようにして日本中を回りながら物件を購入するこのゲームに対し、男は「（設定上の）20年では全国を回れない。100年モードを作ってくれ」「（所持金を盗む）『スリの銀次』が出過ぎる」などの改善要求を送るも反映されなかったことから「今から現金¥80兆円を持って、JR高松駅まで来い!!　何ならテメエの会社へ爆弾を送りつけて皆殺しにしてやる!!」などのメールを計11回にもわたり送信した疑い。

※写真と本文は関係ありません

　送ったメールの中には、7000兆円を要求するものもあったとのこと。この男に対し、ネットでは「一億万歩譲って80兆円用意出来たとしてもそれを運ぶのが難しすぎる　札束で駅を封鎖させる気かよ」などと、金額のすさまじさと、受け渡しの困難さに疑問を呈す声が多数出た。また、脅迫メールでは「¥80兆円」と¥マークをつけていた点も味わい深いと評判になった。

　この高額すぎる要求には「80兆ジンバブエドルだったらオレが払ってやる」とオファーを出す人まで出た。

←これで2億8000万円。¥80兆円はこれの28万5714倍。7000兆円は2500万倍

ＱＢＫ
急にボールが来たので…

Ｗ杯 柳沢 絶好機でシュート外す

「急に来るに決まってんだろ」の声

２００６年６月18日に行われたサッカーＷ杯・ドイツ大会の日本対クロアチア戦後半６分、右サイドのＤＦ加地亮から絶妙な低いクロスがＦＷ柳沢敦に来た。絶好の得点機だったが、柳沢はゴールに入れず、ゴールの枠から離れた場所へいたクロアチアＧＫの股の間をすり抜けるパスをなぜか出した。

結果は０－０のドローで日本代表の決勝トーナメント出場が難しくなった。試合後のインタビューで柳沢は決められなかった理由を「急にボールが来たので…」とコメント。この発言に対し、ネットでは大盛り上がり。「急に来るに決まってんだろ」「加地さん、柳沢にパスするときは携帯でメールでもして知らせなきゃダメだよ」「俺も今度から会社でミスしたら『発注が来るとは思わなかった』って言ってみるかｗｗｗｗｗｗｗｗ」などの声があがった。

ネットでは柳沢の「急にボールが来たので…」発言に対し、「急に＝Ｑ」「ボールが＝Ｂ」「来たので…＝Ｋ」として「ＱＢＫ」という言葉が生まれた。この言葉は一時期大ブームとなり、「今年の流行語大賞だ！」などの意見も挙がったほどである。また、「ゴール前にカルガモの親子がいたので、その命を守るために外した」などの珍説を出す者も登場した。

かわいいカルガモのためだったのだろうか…

YouTubeで再生300万回

極楽とんぼ 加藤号泣動画に外国人ブチ切れ

2006年7月、お笑いコンビ「極楽とんぼ」メンバーの山本圭一が不祥事により、所属事務所との契約を解除された。これについて、相方の加藤浩次が自身の出演する情報番組『スッキリ!!』(日本テレビ系)にて涙の経緯説明&謝罪を行った。

この動画はすぐに動画共有サイトYouTubeへアップされ、日本テレビが3日後に著作権侵害による削除依頼を出すまでに300万回以上再生され、YouTubeの再生回数ランキングでダントツの1位を獲得していた。

だが当時、YouTubeは基本的にはアメリカを中心とした英語圏ユーザーが「先住者」としての意識を持っており、彼らにとって理解不能の言語でアップされた動画が1位になっているのには違和感があったようだ。「なぜ、こいつは泣いてるんだ?」などと質問する人も出て、それに対して日本人が英語で説明する例もあった。

だが、加藤はトム・クルーズやロナウド、ジダン、ブッシュ前大統領、プーチン前大統領、マリヤ・シャラポワと言った世界的知名度を持った存在でもなく、今回の動画は「メントスコーラ」(キャンディーの「メントス」をダイエットコークのペットボトルに入れるとダイエットコークが吹き上がる)のように、映像的インパクトがあるものでもない。

それなのにここまで再生され、さらには「wwwwwwww」などと2ちゃんねるのノリでコメントを書き続ける日本人の行動に違和感を覚えた外国人が「日本版YouTubeを作れ」や「JAP」と書き込むなど、混乱の様相を呈した。

その後、アメリカ人男性が「JAPなどと差別表現はやめなさい!」と自制を呼びかける動画をYouTubeに投稿したところ、彼の喋っている英語を理解できぬ日本人が「こいつ、日本人を差別してる」とその動画を荒らす行為を行うなど、当件は「ボーダレス」な(でも、言語の壁は越えられない)ネット社会の問題を浮き彫りにしたようだ。

電網スポーツ

マスターベーションだ、お前らも見せろ。

100円やる

83歳イチモツ露出男逮捕!!

「マスターじじい」と呼ばれネットで大人気

2009年2月、埼玉で83歳の男が男子中学3年生6人の前で「マスターベーションだ。お前らも見せろ。100円やる」と言いながら下半身を露出し、公然わいせつの疑いで逮捕された。調べによるとこの男は5～6年前から現場周辺で生徒の前で下半身を露出させていたようで、生徒達の間では「マスターじじい」と名付けられていたという。動機については「小便をしたかった」「性教育の一環だ」と語ったという。

この「マスターじじい」に対し、ネットでは「全盛期にお目にかかりたかった…」「日本終わってなかったんだな…」「久々に世の中が明るくなるいいニュース」などと大絶賛。さらには、ネットの「変態番付」の「横綱」に推す声も出るほどだった。ちなみに「横綱」は「磐田市内の県立高に侵入、女子生徒のスクール水着を着て脱糞男」である。結果的にマスターじじいは「変態番付」では通常の枠にとどまらぬ「マスター」になる可能性も。

また、マスターじじいはかつての「神」を再び浮揚させることとなる。それは07年に強制わいせつ容疑で逮捕された大阪の当時18歳の少年「早撃ちマック」（変態番付「大関」）だ。彼は路上で19歳から71歳の女性の髪や服にいきなり射精することで知られ、捜査関係者からは「とにかく早い。すぐに出る。被害女性が振り向いたら、出ていたというケースもあった」という証言も出ている。

そして、ネット上では「東のマスターじじい、西の早撃ちマック」や「マスターじじいは早撃ちマックの師匠」とも評されることになった。

西の早撃ちマックくん

イメージ図です

電網スポーツ

企業、ネットにビクビク

お宅さんはクレーマーっちゅうの

1999年、東芝製のビデオデッキの修理依頼をしたユーザーが勝手に改造をされ、それに対して電話で意見を述べたところ、東芝の担当者から「お宅さんみたいのはね、お客さんじゃないんですよ、もう。クレーマーっちゅうのお宅さんはね。クレーマーっちゅうの」と言われた。

この模様をユーザーは自身のサイトで電話の音声ファイルを公開。大量のアクセスが来る結果となり、「東芝クレーマー事件」と呼ばれるようになった。

19万8000円のはずが ➜ 1万9800円に…

注文殺到!

その後も企業がらみのネット関連トラブルは多発。大きかったものをいくつか挙げると、一つは「丸紅ダイレクト　9割引PC発売」である。これは、丸紅がネット通販でNECの19万8000円のPCを誤って1万9800円と表示した結果、注文が殺到。1000人から1500台の注文があったのだ。担当者は誤りに気付き、商品をサイトから削除した上で、お詫びと売買契約キャンセルの通知メールを購入申込者に送った。だが、購入者は反発し、これに対して同社社長は1万9800円で販売することを発表。広報部は「当社の名前を信頼して申し込んでくれた消費者を裏切るわけにはいかない」とコメントした。だが、これは「要素の錯誤」が認められるほどの例であり、取り消しは可能だったとの専門家の意見もある。後に同社社長も「弁護士と相談すべきだった」と語った。

他にも「楽天ポイント祭り」(2005年12月、楽天でクリックすることによってポイント獲得が可能に。しかし、アカウントを複数使っても取れることが発覚し、一個人が多数のポイントを獲得し、人気商品を買いまくった件)などがあり、企業にとってネットでのコミュニケーションには細心の注意が必要と言えよう。

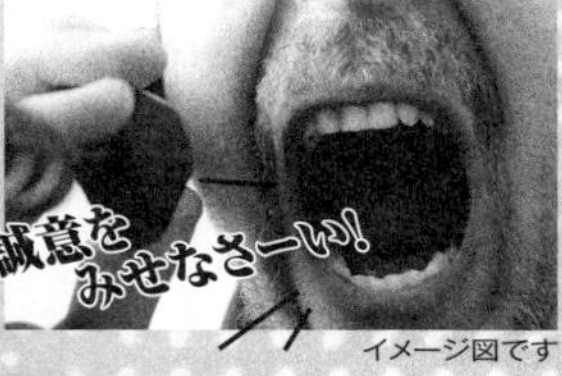

イメージ図です

http://wbhblog.jp/yoshiakibacktoexcitinglife/diary/200904171205/

Google

WBHブログ

ニックネーム：YOSHIAKI
性別：男性
誕生日：1982年4月9日
血液型：A型
出身地：埼玉県
趣味：ネコと遊ぶこと
特技：ルービックキューブ

最新記事

今日の夜ご飯は
おっす！
もうすぐクランクアップ
撮影順調！！！！！！
ヒロちゃんの誕生日o(^o^)o
マンゴージュース
感動しました(〃^▽^)∂
WBCすごい！感動！
韓国海苔
沖縄の海で…
今日はOFF

2009年04月17日 12:05

今日の夜ご飯は

ATSUSHIさんと

沖縄そば！

マジうまい！　最高！

個別URL　コメント(1374)　Trackback(21)

このエントリーへのコメント

1. まるこ　2009年04月17日 12:13
いつもYOSHIAKIさんのこと応援しています！
沖縄そば、おいしそうですね！♥

2.てるてる　2009年04月17日 12:14
うわー、沖縄そば、食べたいです～ヾ(=^▽^=)ノ

3.ゆっち　2009年04月17日 12:14
ゆっちゎ、YOSHIAKIさんのこと、大好き♥♥
いつか会える日が来るといいな♥♥♥

4.☆みかりん☆　2009年04月17日 12:15
はじめてコメントさせていただきます。
本当にいつもYOSHIAKIサンには癒されます
春をゆっくりと楽しんでクダサイね～✿✿✿

5.Kyon-chan 2009年04月17日 12:16
もうすぐ「星空のレクイエムナイト」クランクアップだネ

いつも見てるよ。見れない時はビデオに録ってネ☆ヽ(▽⌒*)

もう少し、、、、、、、、FIGHT！　(^-^)☆

6.　えりママ 2009年04月17日 12:16
最近更新が少なかったので嬉しいです　≧▽≦/
YOSHIAKIさん、今年はお花見行きましたか？

はじめに　バカを無視する「ネット万能論」

ネットは「ググれカス」な人間だらけ

ネット用語のひとつに、「ググれカス」ということばがある。

これは、グーグルで調べればすぐにわかるようなことを、わざわざ「○○について教えてください！」などと聞いてくる人に対して容赦《ようしゃ》なく浴びせかけられる、「グーグルで検索しろ、このカスめ！」を意味するキツ～いことばだ。

この「ググれカス」ということばを浴びせかけられるほど低レベルな質問をする人々、そして、そんな彼らに親切に教えてあげる人々。彼らのやり取りを見ていると、「やっぱバカっているんだな……」としみじみ思えてくる。

たとえば、質問サイト「ヤフー知恵袋」に「20歳のクリスマスのあらすじ詳しく詳しくを教えてください」という質問があった。

「20歳のクリスマス」は、その後の文脈を読むと、1994年にフジテレビ系でオンエアされた連続ドラマ「29歳のクリスマス」のことだと推測できるが、質問者はこう書いた。

「20歳のクリスマスのあらすじ詳しく詳しくを教えてください。いつも4話くらいまではちゃんと見るんですが、その後真剣に見てません。いずれ続きは見たいです。みんな好きな俳優さんなので。松下さんと柳場さんが一緒に暮らしだすところまで見てます。二人は恋愛関係になるんでしょうか？　また、山口智子と中村トオルはどうなんていうんですか？　ネタバレでお願いします」

これに対する回答としては、「29歳のクリスマス だと思いますが（*^_^*）」の前置きがあり、「ウキからのコピーですが」のことばとともに、ネット上の百科事典「ウィキペディア」のあらすじ説明がコピペ（コピー&ペースト）された。

こんな質問を、ネットに慣れた人の多い掲示板「2ちゃんねる」で書いたら、「ググれカス」と言われておしまいである。

いや、たしかに「ググれカス」な質問である。「あらすじ詳しく詳しくを教えてください」については、「ウィキを見ろ」「フジテレビの公式サイトにあらすじがまだ残ってる」と言いたくなるし、「(松下さんと柳場さんの）二人は恋愛関係になるんでしょうか？」については、

「そこに書いてあるだろ」と言いたくなるし、さらに、『柳場』じゃねぇよ、『柳葉』だ！」と言いたくなるし、「山口智子と中村トオルだって、調べりゃすぐわかるさ。あと、『中村』じゃねぇ、『仲村』だ！」と言いたくなる。

そもそも、タイトルを「20歳のクリスマス」なんて間違えている時点で注意力なさすぎだし、「詳しく詳しくを教えてください」「どうなんていうんですか？」という日本語はひどすぎる。そして、回答者にしても、「ウキ」（おそらくウィキペディアのこと）をただコピペするのでは芸がなさすぎる。

こんな初歩的なミスをする人物が、平気でネットという公的な場で発言をしまくっているのである。自分で何かを調べる気もなければ、回答者も、ウィキペディアをはじめとする「ありもの」を提示するだけ。

こんな「ググれカス」な人間も多いのが、ネットという世界だ。

「Web2・0」ってどうなった？

そもそも、ネットの世界は気持ち悪すぎる。

そこで他人を貶《おとし》める発言ばかりする人も気持ち悪いし、ネットの可能性を喜々《きき》として説く人も気持ち悪いし、品行方正で優等生的な書き込みしかしない人も気持ち悪いし、アイドルの他愛もないブログが無害な「絶賛キャーキャーコメント」で埋まるのも気持ち悪いし、ネット以外のモノの価値を一切認めない人も気持ち悪い。

現在、私はとあるニュースサイトの編集者をフリーランスでやっている関係で、ネット漬けの毎日を送っている。何がネットでウケて、何がウケないか、どんなことをすれば叩かれ、どんなことをすればホメてもらえるか、そんなことをいつも考えている。

そんな仕事をしているがゆえに、「あいつ、ネットに詳しそうだな」と思われて、ネット関連のお仕事をさまざまな場所からいただけ、ネットにはとても感謝している。そして、私は何よりもネットが大好きである。

でもよー、ここから突然オレは言葉乱れっけど、やっぱりインターネットは気持ち悪いんだよ！　何かあれば「死ね」とか書くヤツが続出するし、「自意識過剰ちゃん」とか「オレ、クリエイティブ男」のひとりしゃべりがあちらこちらで雨後のタケノコのように出てきたかと思えば、「テレビなんか見るヤツは低脳」「低俗なマ、ス、ゴ、ミの時代は終わった」とか何の根拠があって言ってるのかわからんヤツは出てくるし、「やはりこれからはクチコミによるバイラルマーケティングですなぁ、ガハハ」とか何もわかっていないくせに簡単に言うオヤジはいるし、てめえにはなんにも迷惑かけてねーのに「許せないざます！　不快ざます！　傷ついたざます！　謝罪をするざます！」とカナキリ声をあげるクソババアがいたり、「やはり、高感度のブロガーの皆さんに我が社の新製品の伝道師になってもらいたいですなぁ」と言う楽観豚野郎がいたり、よく知らんアイドルがただ髪の毛切ったり新しい服着たことをブログで報告するだけで、「キャー、かわいい！」「激かわゆす(^0^)」「素敵な衣裳ですね(*^_^*)」みたいな絶賛コメントが殺到するし、特定アニメについて少し悪口を書いただけで書いた人間のブログが炎上するし、立ちションしたことや１００円玉拾ったことをブログで書いたら「通報しますた」と言うヤツが出てきそうだし、個人ブログに登場する人物の写真がやたらと目線・モザイクだらけなのは不気味だし、テレビではネット関連の事件が起きるたびに、コメンテーターが眉をひそめながら「ネットの闇の深さが感じられます」「フィルタリングやアクセス制限に関する法整備を急いで、一刻も早く子どもたちを守る体制を作らなくてはいけませんね」なんてしたり顔でしゃべるし……。

　ホント、気持ち悪い、アッー！

私はネットの恩恵を最大限に受けながらも、こんな感じで、ネットに対して妙な気持ち悪さを常に抱いている。

今回、本書を書くにあたり、その気持ち悪さの原因をさらに明確にするため、ひたすらネット関連の本を読みまくった。そこで感じたもっとも大きなことは、「コンサルタント・研究者・ITジャーナリスト」と「運営当事者」のネットに対するスタンスの違いである。

「コンサルタント・研究者・ITジャーナリスト」系で有名なのは、『ウェブ進化論』（ちくま新書）著者でコンサルタントの梅田望夫氏だが、同氏は一大ブームを巻き起こしたキーワード「Web2・0」について、「ネット上の不特定多数の人々（や企業）を、受動的なサービス享受者ではなく能動的な表現者と認めて積極的に巻き込んでいくための技術やサービス開発姿勢」と説明し、その可能性を高らかに宣言している。

また、『ウェブ進化論』と並ぶネット関係者必読の書『グーグル』（文春新書）の著者として知られるITジャーナリストの佐々木俊尚氏は、インターネット論壇の特徴について、『ブログ論壇の誕生』（文春新書）のなかで、「社会的地位の度外視、タブーなき言論、参加のオープン性」と説明。そして、ネット上の議論を、17〜18世紀のイギリスにおけるコーヒーハウスでの活発な議論と重ね合わせている。

梅田・佐々木両氏の本をはじめて読んだとき、私はインターネットの無限の可能性を知って興奮し、周囲の人に「Ｗｅｂ２・０ってすげーんだぞ！」と言いまくっていた。

では、一方の「運営当事者」側の意見はどうか？

『そんなんじゃクチコミしないよ。』（技術評論社）のなかで、著者の河野武氏は、「インターネット万能論を多くの人が唱えています。はっきり言います、そんなものは夢物語です。ウソと言ってもいい」「通常、ネットの一部で話題になっているだけでは世間的な影響はありません」と、ネット関連業務をやり続けてきた自身の経験から語っている。

また、２ちゃんねる管理人の西村博之氏は、『２ちゃんねるはなぜ潰れないのか？』（扶桑社新書）のなかで、Ｗｅｂ２・０について、「Ｗｅｂ２・０の裏に隠されているものは、技術力ではなく、いかにクリーンなイメージを押し出すのか、そして、いかにユーザーの心を惹《ひ》きつけられるのか、ということなのかもしれません。Ｗｅｂ２・０と言う言葉の意味がだんだんわかってきました（笑）」「今後インターネット技術では発明は生まれないでしょう」と語っている。

「コンサルタント・研究者・ＩＴジャーナリスト」と「運営当事者」とでは、ネットに対する態度がこうも異なるのである。

そして、インターネットへの絶望感が生まれる

私はニュースサイトの編集者という「運営当事者」であり、河野氏や西村氏のやや諦観《ていかん》めいた発言に、より近い感覚を持っている。

「コンサルタント・研究者・ITジャーナリスト」は、あくまでもポジティブな「すごい人」「すごい技術」「理想的な使われ方」「ネットがもたらしたフェアな言論」「トップクラスの人々による鋭い意見」を紹介しているわけで、間違ったことは何も言っておらず、すばらしい意見であり、分析である。

だが、運営当事者からすると、「その原理や理屈はわかるけど、現実的にはさぁ……。そうもうまくいかねーんだよな……。あ〜あ、オレも理想論を語りたいよ。成功ケースのみを語りたいよ」と途端に歯切れが悪くなってしまう。

私たち運営当事者が相手にしているのは、善良なユーザーがほとんどではあるものの、「荒らし」行為をする人や、他者のひどい悪口を書く人や、やたらとクレームを言ってくる「怖いユーザー」や、「何を考えているかわからない人」「とにかく文句を言いたい人」「私たちを毛嫌いしている人」も数多い。

いや、暴言を吐いてしまうと、「バカ」も多いのである。

だからこそ、「コンサルタント・研究者・ITジャーナリスト」が説く、テクノロジーがもたらす理想郷やWeb2・0の目指すところ、そして「集合知」は、あまりにも別世界の話のようで、「オレたちもネットの最前線にいるはずだけど、Web2・0って何だよ？集合知って何だよ？」と思ってしまう。

そして、タチの悪いことに、この「バカ」の発言力がネット上では実に強いのである。しかも最近は、「Web2・0」を超えた「Web3・0」なんてことばまで出てきてしまった！　もうワケがわからない！

私たちが日々追われているのは、PV（ページビュー＝閲覧数・アクセス数）を上げること、それでいて人を傷つけないよう配慮をすること、何千とある「荒らし」や「連投（連続投稿）」コメントを削除することである。毎日そんなことばかりやっているので、私は自分のことを自嘲《じちょう》気味に「IT小作農」「編集小作農」と呼ぶ。

悲しい話だが、ネットに接する人は、ネットユーザーを完全なる「善」と捉《とら》えないほうがいい。集合知のすばらしさがネットの特徴として語られているが、せっせとネットに書き込みをする人々のなかには凡庸《ぼんよう》な人も多数含まれる。というか、そちらのほうが多いため、「集合愚」のほうが私にはしっくりくるし、インターネットというツールを手に入れたことによって、人間の能力が突然変異のごとく向上し、すばらしいアイディアを生み出すと考えるのはあまりに早計ではないか?

そりゃあ、これまで発信の機会のなかった人が発信できるようになったのはすばらしいことだが、発信する内容自体に価値のある人は、ネットではなく、リアルの世界でもその発信内容が「換金」されるはずだ。

断言しよう。凡庸な人間はネットを使うことによっていきなり優秀になるわけではないし、バカもネットを使うことによって世間にとって有用な才能を突然開花させ、世の中に良いものをもたらすわけでもない。

むしろ、凡庸な人が凡庸なネタを外に吐き出しまくるせいで本当に良いものが見えにくくなることや(ネット上の良い意見の発掘機会が失われるだけでなく、本を読んだり人と会話したりすることにかける時間も減る)、バカが発言ツールを手に入れて大暴れしたり、犯罪予告をするようなリスクにこそ目を向けるべきである。

前述の梅田氏は、ネットの「こちら側」(ハード上で情報処理を行う主体:IBM、マイクロソフトに象徴される古い勢力)と「あちら側」(ネット上で情報処理を行う主体:グーグル、アマゾンに象徴される新しい勢力で、コンピュータ・サイエンス分野のトップクラスの人々がその才能を活かす場所）という概念を説き、「あちら側」の優れた点について言及した。

それに対し、私はネットの使い方・発信情報について、「頭の良い人」「普通の人」「バカ」に分けて考えたい。梅田氏の話は「頭の良い人」にまつわる話であり、私は本書で「普通の人」「バカ」にまつわる話をする。

夢にあふれた原理や技術のもたらす可能性を説き、皆に希望を与える役割は、「コンサルタント・研究者・ＩＴジャーナリスト」の皆さんに任せよう。「運営当事者」である私は、もっとドロドロとして、さらにはそこに翻弄《ほんろう》される人々について書いてみることにする。ある人はそこに絶望感を抱くかもしれない。ある人は「こんな世界ってあるの？」と驚くかもしれない。だが、それが現実だ。

さあ、すばらしきインターネットについて語ろうじゃないか。

目次

第3章　ネットで流行るのは結局「テレビネタ」——119

第4章　企業はネットに期待しすぎるな――155

（口絵デザイン） 石塚健太郎

第1章　ネットのヘビーユーザーは、やっぱり「暇人」

品行方正で怒りっぽいネット住民

突然だが、あなたは立ち小便をしたことがあるだろうか？

女性は経験ないだろうが、多くの男性はやむにやまれぬ事情で立ち小便をしてしまったことがあるはずだ。家族や友人に「いやぁ、昨日飲みすぎて我慢できなくって立ちションしちゃったよ、ハハハ」などと報告したら、「バカね。ちゃんとトイレ行っておきなさい」と言われておしまいである。

だが、これをブログで告白したら問題になるだろう。特に、名前を一部から知られている人（芸能人や社長等）がブログで書いたら、「通報しますた」や「軽犯罪法違反ですよ。人としていけないことです」「なに犯罪自慢してるんだよｗ」などのコメントがつけられ、場合によっては「炎上」（コメント欄が多数のネガティブコメントで埋まること）する。

立ち小便はけっして立派な行為ではないし、立ち小便する人を咎《とが》めることは社会通念上、正しいことだ。ブログで書く意味もあまりない。しかし、わざわざ「軽犯罪」だと言って「通報」したり、「人としていけないこと」だと注意するほどのことか。

そもそも、実際に立ち小便している人を注意できる人はなかなかいない。

人が他人に「強くものを言う」「注意をする」ことが滅多にないことは、オリコンが２０

０８年３月３日の「耳の日」を前に、中学生から40代の１０００人を対象に行った「ヘッドフォン」に関するアンケート結果に見ることができる。

「電車内で他人のヘッドフォンの音量が気になるときに注意する人」は全体のわずか８・９％だったのだ。報復を恐れるため注意をしない人が多いとのことだが、一方のネット上では、「やんちゃ行為」は注意をされまくる＝叩かれまくる。

ネットに書き込まれる意見を見て、私がいつも思うのが、「日本人ってこんなに品行方正だったっけ？」「こんなに怒りっぽかったっけ？」ということだ。

ふだん、人に怒ることも注意することもないのに、ネット上では出自不明の正義感から人を徹底的に叩く。

２００８年の一年間、ほぼ毎日外に出ていたが、激しい口論を見たのは１回だけ。ＪＲ有楽町駅前で、若いサラリーマンふたりが睨《にら》み合い、ひとりが「テメエ！　オラ！　このヤロウ！」などと言い、もうひとりが黙ってジッと耐えているのを見ただけだ。

また、路上に座って喫煙する高校生を注意する大人など、何年も見たためしがない。

このように、リアルな場での「口論」や「怒声」、「注意」を見ることは滅多にないが、ネットでは、人を咎めたり悪口を書いたり罵声《ばせい》を浴びせる人だらけである。それこそ毎日のように、「バカ」「死ね」「アホ」「くだらん」「クズ」「この低脳」「ゴミ」「よく人間やってられるね」などの声があふれている。

これが同じ国で起こっていることか！

ネット界のセレブ「オナホ王子」

2008年10月、ファミリーレストランの「サイゼリヤ」は、販売していたピザに有害物質・メラミンが微量に混入していたことを公にし、食べた人にはレシートがなくても返金すると発表した。

それを受けて、千葉県の男子高校生2名が、実際は食べていないにもかかわらず返金依頼を行い、ソーシャル・ネットワーキング・サービス（SNS）のミクシィ上で、「3000円ほど稼がせていただいた」「4戦3勝」などと告白。

これがネットで、「犯罪自慢しているDQNがいる」（DQN＝ドキュン＝バカ）と大騒ぎとなり、2ちゃんねるでは、この話題に関するスレッド（特定の話題を設定したうえで書き込める場所）が乱立した。

その後、生徒の通う学校へ通報をしたり、自宅に嫌がらせの電話をかける者が出るなど過熱。最終的に生徒は保護者と共にサイゼリヤを訪れ、謝罪したうえで返金。警察からは厳重注意、学校からは謹慎処分を受けた。

高校生は軽い気持ちで「やんちゃ自慢」をしたが、ネットでその反社会的行為を咎められ、リアル世界で実際に謝罪する結果となったのである。

また、２００７年12月、ケンタッキーフライドチキン（ＫＦＣ）でアルバイトをしていた高校生が、同様にミクシィ上で「店でゴキブリを揚げた」と告白し、彼のミクシィ日記が炎上。

それをネット系ニュースサイトが報じて騒ぎが拡大。ＫＦＣへの通報が相次いだあと、ＫＦＣに揚げ足取りの問い合わせ電話をした者が、その一部始終を録音した音声ファイルを動画投稿サイト「ニコニコ動画」に投稿し、60万回近く再生された。

そして、高校生はゴキブリを揚げたことがウソだとＫＦＣに伝え、謝罪するも、学校に迷惑をかけたとして自主退学した。

つづいてはかなりマニアックな話だが、ネットの一部で話題になったスターがいる。

彼の名前は「オナホ王子」。

発端は、オークションサイト「ヤフーオークション」に、漫画『ジョジョの奇妙な冒険』

（集英社）の全63巻をｚｉｐファイル（データ圧縮の形式）にしたものを４９９０円で出品したことにはじまる。これが、「著作権法違反では？」と指摘され、ヤフーオークション運営者への通報が相次いだ。

ここまでは至極真っ当な行為で、ネット上の自浄作用に感心したが、ここから先は明らかにやりすぎである。

この人物に対する無用な正体暴きがはじまったのだ。オークションの落札履歴から、質問サイト「ヤフー知恵袋」で質問した内容、はてには、彼のブログや運営をしていた学校裏サイトまでが晒《さら》された。

「オナホ王子」の由来は、過去の落札記録のなかに「オナホール11点セット　本気で激安お買得！　人気商品てんこもり」があったことに由来する。

「オナホ」とは男性の自慰行為を補助する道具のことであり、ヤフー知恵袋にあった「自分は中学生で高校に行ったらスクーターの免許を取りたい」との記述から、この人物が中学生であることが特定され、いつしか「オナホ王子」と呼ばれるようになった。

彼のブログには書き込みが殺到。

「お前宮城の中学生だってなｗｗｗｗｗｗ警察にみんな通報してるからオナホ買ったこと学

校にも親にもばれるしジョジョ売ってたのは著作権法違反だから逮捕されるの確定ｗｗｗｗ会社から裁判も起こされるｗｗｗｗｗｗワロスｗｗｗｗｗｗｗｗｗｗｗ」「逮捕おめ＾＾捕まったときは家に見に行くねー」などと書き込まれた。

また、彼に関する「まとめサイト」（ことの経緯や用語・関連リンクをこと細かにまとめたサイト）もでき、そこには彼の通うとされる学校がご丁寧にも地図つきで紹介され、宮城県警や集英社等の「通報先リスト」まで掲載された。

「怒りの代理人」がウヨウヨ、要はいじめたいだけ

くり返すように、犯罪行為を通報すること自体は正しい行為である。だが、その人物がどんな性癖を持ち、過去にネットでどんな発言をしていたかまでを徹底的に洗い出す必要はあるのか？

これは、「正義の行為」から逸脱した単なる「いじめ行為」である。彼らを処分するのは警察や所属団体だけでいいのではないだろうか。

秋田の「なまはげ」は「泣ぐ子はいねえがぁ？」と子どもを探すが、ネットでは「叩きがいのあるバカはいねえがぁ？」と探す人がいて、「これは！」という人物が出ると、「こんなバカ言ってるヤツがいるぜ」と公表し、そこから皆で「もっと広げようぜ」「もっと叩こうぜ」とおおごとにし、その人物のブログなり所属団体のホームページなりで徹底的にいじめるのである。

挙句の果てには、所属する組織に、「こんなことをやっているヤツがそちらにはいるが、処分についてはどう考えるのだ」などと「電凸《でんとつ》」（＝電話突撃＝電話で関係者に直撃＝単なるチクり≒業務妨害）する。ネット上でそのやり取りの模様を公開する例もある。

異端なことをしたり、バカな発言をした人物は、「あいつのことはいじめてもＯＫ」「悪行をやっているから、いじめられるのは当然の報い」となり、いじめが開始される。そして、他の人がいじめているのを見て、「あぁ、これだけみんながいじめているから、オレもいじめていいのね」ということになり、いじめはますますエスカレートする。

ここ数年間のネット界で大きく話題になったことといえば、「亀田興毅VS.ランダエタ 疑惑の判定」「映画の制作発表で沢尻エリカ『べつに……』発言」「倖田來未 ラジオで『35歳過ぎると羊水が腐る』発言」である。

多くの人がネットで激怒をし、倖田の場合、彼女がＣＭキャラを務める商品の不買運動を呼びかける人々まで出たほどだ。そして、彼女は芸能活動を一時期自粛《じしゅく》した。

とにかくその頃、倖田関連の記事は各所で大反響だった。記事に８万件以上のコメントがついたニュースサイトもあれば、２ちゃんねるではスレッドが乱立し、恐ろしい勢いで伸びていた。テレビのワイドショー、スポーツ新聞も徹底的に取り上げていた。

だが、ここで思うのが、「亀田、沢尻、倖田がお前にどれだけ迷惑をかけたんだよ……、どれだけ実害を与えたんだよ……」ということだ。

倖田の場合、35歳を過ぎて出産した人や妊娠中の人を不快にさせたかもしれないひどい表現ではあるが、極端に無知だっただけで、不買運動を呼びかけたり、芸能活動休止に追い込むほどの問題だったとは思えない。コメントの撤回と謝罪だけで十分だろう。

亀田と沢尻の場合、被害者がいたのだとすれば、それはもしかしたら勝っていたかもしれないランダエタ選手であり、映画の宣伝をもっと一所懸命やってほしかった配給会社と共演者だろう。それなのに、「怒りの代理人」がネット上で激怒しまくっているのである。

当人からすれば、その一瞬、ネットで罵詈雑言《ばりぞうごん》を書くことによってスカッとするかもしれないし、いじめ行為をすることで楽しいかもしれない。なんらかの正義感を出すことによって得られるカタルシスがあるのかもしれない。

だが、書かれる方はたまったものではない。当事者がクレームをつけてくるのならば理解はできるのだが、関係のない人間がどうしてここまで怒っていられるのかがわからない。もちろん多くの場合、本気で怒っているというわけではなく、ノリで「擬似怒りプレイ」に参加しているだけなのだろうが……。

読解力がなく、ジョークも通じない人々

私が編集するサイトの記事でも、ときどき運営側（編集部）が叩かれたり、クレームを受けることはある。

とある大学の学園祭でダンスサークルを取材して、動画をアップしたのだが、出演者のことを「下手」「豊乳」などと表現してしまった。さらには、動画自体も女性出演者の胸や腰のあたりを重点的に撮影するというスケベオヤジ目線のものだったため、これは当事者からクレームがつき、動画は削除、謝罪を行った。

ここでクレームがつくのは当然だし、私たちが謝罪をするのも当然である。なぜなら、迷惑を直接的にかけてしまったのだから。

だが、別のときには、「なんでこんなクレームがくるの?」とポカンとしてしまったことがある。

以前、「海外で日本人女性はモテる」という記事を掲載した。書いた人物はイタリア在住の女性だったのだが、いかにイタリアで日本人女性がイタリア人男性から言い寄られるか、ということを書いたのだ。

そうすると、記事のコメント欄には、「日本人女はすぐにやらせるからだ」や「どうせ捨てられる」「イタリア男が本気なわけない」といった趣旨のコメントがついた。

コメント欄は荒れていったのだが、最終的には私のところにクレームメールがきた。メールの送り主は白人男性と結婚した日本人女性で、「記事を削除しろ！」と通告してきたのである。

その理由は、「私と夫は愛し合って結婚した。この記事とひどいコメントがあると、外国人男性と結婚した日本人女性全員が尻軽女に見られて迷惑だ。私は傷ついた」というもの。

この女性も当事者といえば当事者だが、「この記事を見た人はみんな、外国人夫のいる日本人妻を尻軽女だと思う」という主張は、あまりに他の読者の読解力をバカにしている。

さらには、「コメントがひどいのであれば、コメントを書いている人を非難してはどうですか？　私たちはユーザーの『意見』をやみくもに削除することはありません。あなたも大事なユーザー、『ひどい』とされているコメントを書いている人々も大事なユーザーです」

と伝えると、「ユーザーはバックがよくわからない人だから怖い。私が非難される可能性もある。だからあなたに言っているのだ」との返事がきた。

最終的には、「不快に思われたことについては申し訳ない」と伝えつつも、この記事はさすがに落とさなかった。

また、亀田興毅VS.ランダエタ戦後、「全国の『亀田』関係者に電話をする」という記事を書いたときも批判まみれとなった。

単に「亀田」の名前がつく地域や企業の人からお祝いコメントや試合の感想をもらうという、今考えれば意味もなくくだらない企画だったのだが、「忙しい人に迷惑です！」「いい加減にしろ！」というコメントが殺到。

こっちはジョークのつもりで「全国の亀田関係者から話を聞いた」とやり、電話を受けてくれた方々は「ハハハハ」と笑いながら快くコメントをくれ、許可を得たうえで掲載したのだが、これがまったく読者には通じなかった。

また、「吉野家で肉・たまねぎ抜きの牛丼を注文した」という記事に対しても、「忙しい店員さんに失礼です！」との批判が殺到したのである。

「被害者がいるなら、ここに連れてこい」

両方の記事自体がアホなものであったのは認めるが、当件のミソは、「全国の亀田関係者」「吉野家の店員」はまったく怒っておらず、関係のない人が怒っている点である。

ちなみに亀田の場合は、試合終了後、モーグル選手の上村愛子が「感動した」とブログに書いたところ、コメント欄が大炎上。試合に不満を持った人たちの怒りが、「能天気発言」をした上村にぶつけられた。

他に行き場所もないため、有名人である上村のブログが単に怒りの持って行き先になってしまったのである。上村は翌日謝罪、炎上は鎮火した。とんだとばっちりである。

もはや、「不快だ」→「圧倒的に有利な立場からクレームをつける」→「なんだかよくわからないが、怒っている人がたくさんいるから謝る」という流れが定着しているのかもしれない。

さらに、亀田VS.ランダエタの中継に関し、オンエアしたTBSには視聴者から5万5000件の電話がきたという。よくぞ自分の人生とは関係のないことでここまで怒っていられるものである。

この手の「怒りの代理人」については、作家の森巣《もりす》博氏と、オウム真理教を描いた映像作品『A』『A2』監督の森達也氏の対談『ご臨終メディア』(集英社新書)にも詳しく出ている。森氏がテレビ番組で『A』の一部をダイジェストとして編集し、信者が食事をしているシーンや幹部が談笑しているシーンを紹介したところ、膨大《ぼうだい》な量の抗議電話がオンエアしたテレビ朝日に寄せられたという。以下は森氏と森巣氏のやり取りだ。

森　(前略)膨大な抗議の電話がテレビ朝日にきたらしいです。

森巣　えっ?

森　オウムの信者が笑っている顔を、なんでテレビ朝日は流すんだって。

森巣　ははは。彼ら彼女らだって、それはメシは食うし笑うでしょうよ。

森　被害者の遺族がこれを見たときのことを考えろという理屈らしい。

森巣　わからないのは、なんであんなに被害者に感情移入するんですかね。あたかも自分が被害者みたいになって社会正義を叫ぶでしょう。一方、たとえば従軍慰安婦となった被害者たちは無視する。

森　主語がないんです。『A』や『A2』に対する批判って、実は意外に少ないのですが、やはりこのテレビ朝日への抗議と共通するところがあって、「もし被害者やその遺族がこれを見たら、どう思うかを考えろ、お前はその責任取れるのか」式の批判です。一度だけ、上映会場でその疑問をぶつけてきた人がいたので、「あなたは被害者ではないのだから、あなたはどう思ったのかを僕はまず聞きたい」と質問し返したら、答えてくれないんです。……何というか、そんなことは考えたこともないといった感じで、とにかく被害者が……の一点張りなんです。

電話や会場などで直接非難してくる「怒りの代理人」がこれほど多いのだから、手間が格段にかからないネットでの非難の書き込みが爆発的に多いのは理解に難くない。

たしかに、読者からのこの手のクレームは多かった。

「傷ついているかもしれない人がいるんです！」とメールがきたとき、最初の頃は、「それは本当に申し訳ありません。配慮が足りませんでした。私はどうすればいいでしょうか。本当に私はダメなヤツです」と低姿勢で謝っていたのだが、途中からは、「そうしたら、実害を受けた当事者の方を見つけて、私に連絡するよう伝えてください」のひと言で済ませるようになった。

「あなたが同じようなことを言われたらどうするんですか！」と言われたときは、「べつに気にしないようにします。人はいろいろです。すべての人が自分に共感するとは思っていません」で済ませた。

クレームという名の粗《あら》探し

とまぁ、このようにネットには「怒りたい人」「吊《つ》るし上げの対象を血眼《ちまなこ》で探す人」が多いので、あまりネットの世界が善意にあふれているとは思わないほうがいい。

さらに、そういった人々は匿名《とくめい》の個人として発信し、組織を背負っていないがゆえに、「絶対に勝てる論争」を高みから仕掛けてくる。クレームを受ける側は組織を背負っているため、逆ギレもできない。完全なるハンディキャップマッチに巻き込まれてしまっているのだ。

これは、ときどき見かける「人身事故で電車が止まった際に駅員をひたすら罵倒する乗客」と同じ構造をよりお手軽にやっている、とも言えよう。

メールや掲示板書き込みによるクレームの一部はただ粗を突く行為であり、「公開されることを恐れる企業側の心理」につけこむ「プレイ」なのではないだろうか?

返事がくるのを待つ間のゾクゾク感（絶対に丁重かつ自分に対して低姿勢であることがわ

かっているから)、そして、その文面ひとつひとつに突っ込みポイントを発見し、再びメールで返事を出して高みから「絶対に勝てる論争」をさらに泥沼化させていく。

企業はこれ以上かかわるとさらに粗が出てしまいかねないものの、機嫌をさらに損ねたら「対応を逐一《ちくいち》ネットで公開します。メールは保存しています。あと、録音していますので、音声ファイルでも公開します」と切り札を出されてしまう。そのため、「これ以上は対応できねーよ、このクレーマーめ！　このクソ暇人め！」などと言うことは不可能で、丁重に対応をせざるをえない。

かくして、ネット世論にビクつき人々は自由な発言ができなくなり、企業のサイトはますますつまらなくなる。本来自由な発言の場であったはずの個人ブログも炎上を恐れ、無難な内容になっていく。

また、テレビでの発言もすぐさま抗議の電話がやってきて、さらにはネットに反映されるため、テレビコメンテーターは以前にも増して無害なことしか言わなくなった。

「派遣切り」の話が出たら、「政府は無策だ」「総理は苦しんでいる人の気持ちがわかっていない」「大企業はもっとやさしくならなくてはダメだ」と強者を叩く発言をしておき、全面的に弱者をフォローしておけばとりあえずクレームは減る。

ここで、「もともと派遣ってそういう立場ってわかっている人でしょ?」「正社員になった人は過去に頑張って今の地位を得ているんですよ」「45歳で貯金ゼロってどういうことよ?」などと言うことは許されない。

この話題のときは、眉間《みけん》にシワを寄せて、「今やらなくてはいけないのは、一刻も早く、この方々に仕事と住む家を提供することです」「企業の内部留保の金額が相当あることが明らかになりましたが、そのお金を雇用維持に使うべきです」と言うのが正しい。

政府の財源や企業の事情などを考えることなく、とにかく無難なことを言っておくべし！という思考停止状態が蔓延《まんえん》し、既存メディアから自由な発言は失われた。その代わり、政治家や公務員のことは必要以上に叩くのである。

というか、そうやってテレビでコメントしている人々が高額所得者だらけというのも、完全な矛盾ではないだろうか。

倖田來未の「羊水」発言直後、ラジオ局関係者から「もともとラジオなんて、その番組の熱狂的ファンしか聴いていないから、『ラジオってそういうもんだ』と自由に、そしてときに過激に発言できたのに、最近『失言マニア』みたいな連中がネットで公開するネタを探すべく聴いている感じがする。上司からも過激発言に注意するよう言われているし、昔のラジオの良さはこれから失われてしまうよ」との話を聞いた。

このように、「失言増幅装置」であるインターネットのユーザーが増えたことにより、世の中のコンテンツがより無難に、つまらなくなっていく流れは、たぶんこれからも進んでいくだろう。

「誰が言うか」はかなり重要

少し話は変わるが、ネットで発信される情報の特徴について、「すべてがフラットでフェアな世界であるネットでは、『誰が言うか』ではなく『何を言うか』が重要だ」という説がある。しかし、これは大ウソである。

ときどき、私たちは「こんな文章を書いてカネもらいやがって」という批判をコメント欄に書き込まれる。あるときは、「こんな記事書いてカネもらってる奴を激しく嫌悪する」といったことを書き込まれた。「こんな記事」「奴」「激しく嫌悪」……なんともキツいことばである。こんなことを面と向かって言われたら相当へコむだろう。

これは、「こいつらはカネもらって書いているヤツ。サービス運営主体でもある。お客様は神様なんだぞ！　広告見てやってるんだぞ！　サービス利用してやってるんだぞ！　だから厳しく罵倒してもＯＫ」ということである。同じ内容を、原稿料の発生しないブログで個人が書いたら、こんな罵倒は絶対にこない。やはり、「誰が言うか」はかなり重要だ。

たぶん、ドラマや映画の子役のように、嫌われる要素の少ない子どもが少々やんちゃなことを書いても、好意的な意見で埋まることだろう。１００歳の元気でかわいい老人もおそらくは叩かれない。

その一方、何を言っても非難される人が存在する。そこで大きな要素となるのは、嫉妬感情の有無だ。

北海道日本ハムファイターズ・ダルビッシュ有の妻であり元女優の紗栄子さんは、一部の人からは評判がよくない。その主な理由は、「将来が有望な日本屈指の名投手で、しかも超イケメンのダルビッシュ選手と『玉の輿《こし》』で結婚したから」と思われ、さらに「妊娠も計画的だった」と根拠のない憶測をされているからである。

ふたりは普通の男女と同じように愛し合って結婚したのだから、そんなうがった見方をする必要はないにもかかわらず、彼女の話となると、ネットの各所で批判が出るのだ。

出産後、彼女がハワイで行った結婚式について自身のブログで報告したところ、その内容がヤフーニュースで取り上げられ、その記事の下のコメント欄には、ひどいコメントが並んだ。

「なんで、わざわざハワイなのでしょ？　国内でもいいのでは……？　出発の様子テレビで見たけどホント『おままごと』のようで……」

「家事育児を24時間３６５日しろ。とは言わないし母親も自分の為に適度にリフレッシュの時間を取るのは悪いと思わないけど子供を置いて海外に行く心境は理解できない」

「何でそんな子供を忘れて海外挙式できるのでしょうか……子供を置いて行かなくても、お金があるんだから何とでも出来るでしょう」

「子供を何だと思ってるのでしょうね。この夫婦は。子供も甘えたい盛りで不憫《ふびん》です。かわいそう」

どれもこれも余計なお世話である。

しかも、これらの批判は決定的にトンチンカンである。なぜなら、子どもはハワイへ連れて行っているからだ。

単にブログで子どもについての言及がなく、写真も掲載されていないのと、テレビのワイドショーでダルビッシュと紗栄子さんが成田空港で手をつないでいる映像が何度も流れたため、「子どもを置いてふたりノーテンキに結婚式なんて許せないざます！　何を考えているざますか！　育児放棄です！」という脊髄《せきずい》反射で見当違いの批判をする人が続出したのである。

ふたりは子どものことを考慮し、ブログに写真をアップしなかったし、テレビ局にも子どもを撮影することを許可しなかったのだろう。

それなのに、①ブログで子どものことが触れられていない、②ワイドショーではふたりきりの映像が流れた、というふたつの情報だけを信じ、「結婚式って当然、両親も来るから、映っていないところでは両親が子どもを預かっているんだろうな」という想像力がまったく働かず、見当違いの批判をくり返す。

というか、ふたりがどこで結婚式をやろうが、子どもを連れて行こうが行くまいが、当人の勝手である。それに対しては、「そんなものを見させられるこっちの立場も考えろ」などと言われるかもしれないが、「だったら見るな。誰もお前に見ることを強要していない」でFA（ファイナル・アンサー）だ。

もちろん、この見当違いな大量の批判コメントに対し、「批判的なコメばっかかしてるやつ心荒《すさ》んでるだろ。正直うぜぇ」とまともなことを書き込んだ人もいる。

だが、これに対し、「挙式するために子どもを日本に置いてハワイに行ったのだから批判されても仕方ないと思いますが」と、あたかも叩く行為が正当なものであるかのように反論する人も出てきた。

これら不毛な批判が続いたあとに、子どもも一緒にいたことをスポーツ紙の記事を根拠に明らかにする人が出た。それまでの批判が見当違いだとわかると今度は、「飛行機で泣いたりするから迷惑だ」「子供に長時間フライトは可哀想だ」と、さらに無益な批判が続く。

それに加え、「引退宣言をしているのにこうやって目立とうとしている」との新たな批判が出て、これを補足する材料として、「反町隆史と結婚した松嶋菜々子は表舞台に出ず、子育てに専念して立派である。目立ちたがりのこの二人とは違う」という意見も出てくる。

松嶋菜々子だって、こんなところでこんな人々から引き合いに出されてホメられても、嬉《うれ》しいわけはないだろう。

というわけで、もはや紗栄子さんが何を言おうが、「彼女が言った」というだけの理由で無意味な批判が出てしまう。もしもダルビッシュがブサイクで二軍選手だったら、こんなには叩かれない。

これのどこが「フェア」であろうか！「すべてがフラットでフェアな世界であるネットでは、『誰が言うか』ではなく『何を言うか』が重要」は夢物語である。

このヤフーニュースのコメント欄には、「一々人のやる事なすことにケチつけたがる奴がこんなに居るんだなｗ」とも書き込まれたが、このコメントがすべてを言い表している。つまり、人々はただただ「いじめ」が大好きなのである（ただし、自分は逆襲されないかたちでの）。

こんなコメントも、この記事のコメント欄には書き込まれていた。

「サエコとかカゴとかアッキーナとかチコッとかうざいとか思いつつも、さて今日はどれくらい叩かれているかな？　と、ついついコメントを見てしまう自分が空しい……でも、そろそろほんとにウザイんでもうニュースにしなくて良いですよｗ」（著者注――カゴ＝加護亜依、アッキーナ＝南明奈、チコッ＝若槻千夏）。

ネットで叩かれやすい10項目

ここまで、ネットでの発言についてネガティブなことを言い続けてきたが、ひとつ言っておきたいのが、まともなこと、正しいことをしておけば、そうそう叩かれることはないということだ。

ときに例外はあるものの（上村愛子や紗栄子さんの例）、ネット上で発信した情報はなんらかの問題があるから叩かれるのである。そこは意外にフェアである。

ただ、ネットの恐ろしいところは、叩きや批判が必要以上に増幅してしまうことと、リアル世界で自分と関係のある人から見られてしまう点にある。

以下、ネットで叩かれやすい10項目を紹介する。これまで2年半、ことあるごとに叩かれ続け、そのつど軌道修正してきた編集体験から得て、確信したものである。

あくまでもニュースサイトの場合ではあるが、個人のブログや企業の公式サイトにも当てはまるものはあるだろう。

①上からものを言う、主張が見える

「○○すべし！」「××は許せない！」などと書くと、何を偉そうに！　と反応される。

ネットユーザーは誰かの主張を聞きたいのではなく、自分の「心地良い空間」を見つけるべく、さまざまな場所をクリックしているため、自分の意見と違うものがあれば不快になるか、場合によってはクレームの対象となる。

そして、「見させられた」と被害者的発言をする。

よって、何か主張を押しつけてくる新聞の「社説」的なものはネットではウケない。問題提起や主張はしないほうが得策。

②頑張っている人をおちょくる、特定個人をバカにする

週刊誌や夕刊紙では、スポーツ選手や芸能人を揶揄《やゆ》することが多いが、ネットではこれはやらないほうがいい。「そんなことを言うと失礼です！」となるか、「良識を疑います」となる。

こういった優等生的コメントを書く人は、たとえばサッカーW杯出場がかかった大事な試合の絶好のチャンスでシュートを外した選手を、「お前、もっとシュートの練習しろ」などと批判した場合に、「○○選手は頑張ってるんです！　失礼です！」や「じゃあお前がシュートしてみろや。Jリーグにさえ入れないお前が言うな」と反論してくる人々だ。

以前、「恥ずかしい中古書店の値札をうまく剥《は》がす方法」について考えた記事を出したことがある。これは、執筆した記者が、「電車で読んでいて、中古品しか買えないくらい貧乏人であることがバレるのが恥ずかしい」と思ったことが企画のきっかけだ。

そんなわけで、彼はふだんからいかにして頑固に貼りつかれた値札を剥がしやすくするかを考え続けており、自身の体験から編み出した値札をきれいに剥がす方法を3つ提示した。

これに対して、「中古書店で買うことが恥ずかしいとはなにごとだ！」と怒る人が出てきた。この記事は「個人攻撃」に相当したのである。

なぜなら、中古書店でふだん買い物をする人はこの記事に対して、「中古書店をふだん利用している人は貧乏人だと揶揄したいのですね」と感じ、「お店は良い商品を安く売るために頑張っているのです。それに対して失礼です！」との感想を持つからだ。

だから、記事の流れを「値札をキレイに剥がしたい人もいますよね？」「だったらいい方法がありますよ」「は〜い、これでキレイに剥がせますよ！」程度にしておくべきだった。「恥ずかしい」などと余計なひと言を書かなければ、そこまでコメント欄は荒れなかったことだろう。

③既存マスコミが過熱報道していることに便乗する

一時期「ハニカミ王子」と呼ばれたプロゴルファーの石川遼や、「ハンカチ王子」こと早稲田実業（当時）の斎藤佑樹など、マスコミ報道が過熱した人物をさらに何回も便乗紹介すると、「もういい、飽きた」と言われるか、「そんなに取り上げるとかわいそうです！」「そっとしておいてあげてください！」となる。

１回だけ紹介するのはＯＫ。

④書き手の「顔」が見える

①と同様に「主張」と捉えられるうえ、書き手への個人攻撃が発生する。

ブログを書いたり、書き込みをする人は、ある程度文章を書くのが好きな人であり、ネットの記者を「ブロガーに毛が生えたようなもの」程度の、新聞や雑誌で書いているプロの格下だと思っている。

よって、「(こんな記事でカネもらいやがって）オレのほうが文章うまい！」などと対抗心を持たれ、ときには嫉妬される。特に有名人でもないかぎりは、名前は出さないほうがいい。署名をしてしまうと余計な検索をされて、「こいつ、他でもこんなバカなこと書いてるぜw」などと言われるリスクも。そうなると、別のところで書いたことを引用され、矛盾点を突かれたり、「過去の痛い発言集」を作られたりする。

⑤反日的な発言をする

日本社会の抱える問題等について触れるときに、先進的な欧米の例を持ち出し比較すると、「どうしてアメリカに従わなくてはいけないんだ、この売国奴！」「日本人だろ、なにアホ言うんだよ」となる。

２００８年12月13日に行われたフィギュアスケート・グランプリファイナルで、日本の浅田真央が金メダルを獲得したが、『とくダネ！』（フジテレビ系）では、専門家ふたりが「もし韓国のキム・ヨナのミスが一回だったら、キム・ヨナが勝っていた。現時点ではキム・ヨナのほうが浅田よりも実力的に上」といった趣旨の発言をした。

これに対し、「なぜ『おめでとう』と言えない！」「なぜ頑張って優勝した浅田を叩く！」「なぜ、韓国の選手をここまで持ち上げる！」「売国メディアめ！」との意見が多数ネットに書き込まれ、フジテレビにも抗議が殺到した。同番組は３日後の放送で謝罪。

⑥誰かの手間をかけることをやる

前出「全国の亀田さんからコメントをもらった」に該当する。「記事を作るために、誰かに迷惑かけるのはダメです、お前ら何やってるんだ！」「そんなアホなことのために忙しいであろう人の時間を使うな！」となる。

他にも、「コンビニでアイスクリームをチンしてもらう」実験を行ったブログを紹介すると、「忙しいコンビニの店員さんに迷惑です。いい加減にしてください。こんな記事やめなさい」となる。

コンビニ店員関連では別のネタもある。「コンビニでエロ本を買うときにマジメな本で挟むやり方は古い。今は領収書を頼むやり方がある」を解説した記事だ。

ここでの趣旨は、「エロ本を買うとき、マジメな本の間にエロ本を挟むやり方を駆使する人はもともと多かったが、最近は『この雑誌の分だけ領収書ください』というやり方を駆使する人がいる。『これだけ領収書別で』と言うことで『業務に使う』と言い訳ができる」である。

この記事によって「バカじゃね」や「エロ本くらいふつうに買え」「オレはこうやって買うよ」「ネットでエロ動画見ろw」などの意見が出ることを私は期待したのだが、やはり「そんなことにつきあわされる店員さんの身にもなってください」的な意見は出た。もともとくだらない記事なのである。そこをいちいちマジメに注意しても意味がないのに、学級委員的な人が注意をしてくれるのだ。

ただし、「迷惑をかける」対象の人が年収の高い人であればあまり叩かれないだろう。コンビニ店員やファストフード店店員のように、アルバイトで、それほど収入の多くない人の手間をかけることをするから怒られるのだ。

たぶん、国会議員や大手マスメディア正社員、銀行員など、年収の高い人に多少の手間をかけたことを報告しても、それほど叩かれないと推測される。

ちなみに、「電凸」する人間も結果的に「忙しい人間の時間を取っている（業務妨害）」行為を行っている可能性があることは、認識しておいたほうがよいだろう。

⑦社会的コンセンサスなしに叩く

市民記者サイト「オーマイニュース」の話だが、「交通違反でつかまった男性が、態度の悪い警官に逆ギレ」といった趣旨の記事があった。

これは、交通違反で捕まった市民記者が、あまりに傲慢《ごうまん》な警官の態度のひどさを切々と訴えたものだが、「違反してなに開き直っているんだ」的な反論意見が続出。「共感してもらえるかな」と記者が思い込んだものの、冷静な第三者の意見に粉砕された。

反論されずに何か主張をしたいのであれば、社会的なコンセンサスがあるものに対して「乗っかる」べきである。この記事にしても、仮に「横暴な警察官」の問題がマスコミで広く喧伝《けんでん》されており、「警察官＝ひどい」という社会認識があった場合は、ここまで叩かれなかっただろう。

左系メディアは、自衛隊の海外派遣問題や基地周辺の住民が騒音に苦しんでいる様子などを、アンチ自衛隊のスタンスで報じることがときどきある。だが、世間は左系メディアほど自衛隊を嫌っていないし、憲法9条にそれほど強い関心もない。

よって、個人が「自衛隊反対」などとネットに書き込んだ場合、「じゃあ、あなたは災害のとき、助けられないで死ねばいいですね」のような極端な返答がくることだろう。

情報発信をするにあたっては、「これは自分の思い込みかどうか？　世間のコンセンサスを得られるかどうか？」ということは、キチンと一呼吸置いて考えたほうがいい。

⑧強い調子のことばを使う

同じ意味の内容を言うにしても、強い調子のことばを使うと非難される。「ショボい」「パクる」「恫喝《どうかつ》」などは強いことばのため、反感を買う。

「女優の○○がスタッフを恫喝した」と書くと、「そんなひどい表現するな！」とその女優のファンの反感を買うが、「女優の○○がスタッフに強く注意をした」と書くと、それほど反感は買わない。「○○をパクる」は「○○を参考にする」と書くと良いだろう。

⑨誰かが好きなものを批判・酷評する

『崖の上のポニョ』や『もののけ姫』などで知られる宮崎駿アニメのひとつを酷評するネットのコメントを記事で紹介したところ、ファンが激怒した。「駄作は駄作だろうよ」という反論は通用せず、宮崎アニメファンにとっては、酷評は一切許されないものなのだ。

これと同様に、ジャニーズ事務所所属のタレントに対してややネガティブな話を書くと、ファンがいっせいにやってきて、記者への批判を開始する。そこにアンチジャニーズの人々がやってきて、不毛な罵倒の攻防戦がくり広げられる。

⑩部外者が勝手に何かを言う

北海道の「セックスしたい」を表す方言を記事で紹介したことがあるが、これが「北海道をバカにしている！」と大批判を浴びた。その一方、「高校サッカーで優勝の盛岡商業は田舎者の特徴が表れた」と書いたら、まったく批判はなかった。

何が違うか？　前者は「都会からやってきたヤツが、よくわかってもいないのに好き勝手に言いやがって！」ということで北海道民の反感を買ったが、後者は「筆者は盛岡出身である」と明記していたのである。

実は、北海道の記事も北海道出身記者が帰省した際に聞いたものを書いたのであって、「帰省して、懐かしい方言を聞いた」というかたちにしておけばよかったのだろう。

部外者が勝手なことを言うと批判を受ける可能性があるため、「地方のおもしろいネタ」は書かないほうがいい。当事者が書くのであれば、自己防衛のためにも「自分もその一員である」ことを明記すべきだ。

『秘密のケンミンSHOW』(日本テレビ系)という、地方のおもしろい習慣を紹介する番組があるが、あれは実に絶妙な作りになっている。地方ネタをおもしろおかしく紹介しているものの、そこで語る人間はその地方出身の芸能人なのだ。

そのネタに対し、他県出身芸能人がちゃちゃを入れたりバカにしたりするのだが、その地方出身芸能人が必死に擁護《ようご》するため、相殺される。

暇人にとって最高の遊び場がインターネット

さて、ここまでいくつもの例を見てきてお祭しのことだとは思うが、ネットにヘビーに書き込む人の像がおぼろげながら見えてきたのではないだろうか?

揚げ足取りが大好きで、怒りっぽく、自分と関係ないくせに妙に品行方正で、クレーマー気質、思考停止の脊髄反射ばかりで、異論を認めたがらない……と、さまざまな特徴があるが、決定的な特徴は「暇人である」ということだ。書き込み内容や時刻から類推するに、無職やニート、フリーター、学生、専業主婦が多いと推測できる。

90年代中盤、インターネットがあまり普及していなかった頃は、プロバイダとの契約料金が高かったうえに、接続料金が分単位でかかっており、ネットを見るには多くのお金が必要だった。

私は、1994年にはじめてインターネットに触れて以来、ずっと使い続けている。だが、当時は大学生だっただけにお金などあまりなく、いつも大学のPCルーム（Windows3.1のマシンが16台だけあり、ブラウザはMosaicだった）でアメリカの新聞社サイトや、NBA、MLBの結果を見て、ごく少数の友人に電子メールを書いていた。

当時、私の大学でネットを使っていたのは、本国の友人や家族と連絡を取りたい留学生が中心で、日本人でネットを使っている学生はパソコンオタクだと思われていた。

大学は電子メールのアカウントを発行していたものの、94年から95年の途中まで、学内でそのアカウントを取得していた学生は体感値で約10％。私がメールをする相手は、当時オーストラリアに住んでいた友人と、他大学の数人でしかなかった。

本当は家でもインターネットが見られたら、と思っていたものの、あまりにお金がかかるため躊躇《ちゅうちょ》していた。

時は移り、いまや光ファイバー接続でさえ月額3000円台があたりまえとなっている。これは映画2本分であり、チェーンの居酒屋で1回飲めばなくなってしまう金額だ。

映画2本は4時間の娯楽であり、居酒屋1回は3時間の娯楽でしかない。だが、ネットの場合は延々見続けることが可能で、しかも外に出ないから、交通費もかからず腹も減りづらい。SNSやブログ、掲示板、フラッシュゲームにエロ動画のサンプルなどはいずれも無料で使用することができ、暇人にとってネットはうってつけの娯楽である。携帯電話の定額使い放題でネットを使うことも可能だ。

私は昼夜問わずネットを見る生活をしているため、ありとあらゆる時間に人々がブログを更新したり、掲示板に書き込みをしている様子を見ている。

夜の9時~深夜1時くらいに決まってブログを更新している人は、昼間にフルタイムで働く忙しい人と推測され、ネットにどっぷり使っている人々からすれば「リア充《じゅう》」（リアルの生活が充実した人々をなかば侮蔑《ぶべつ》的に表現したことば）だろう。

私の知人でそれなりに仕事で活躍している人々はこの時間にブログを書き、それ以外のときはまったくブログを更新しない。その理由は簡単で、日中は仕事が忙しいからであり、仕事を中断してまで書く余裕がないからである。

そして、週末は更新が滞《とどこお》ることが多い。なにかと忙しいからだ。

だが、世の中には一日に何回もブログを更新する人は多いし、2ちゃんねるを覗《のぞ》くと、朝の3時だろうが昼の3時だろうが、人気の高いスレッドにはコメントが続々とついていく。

かつては、「夜勤の人たちがこんな真昼間から2ちゃんねるに書き込んでいるのかな」「今日は創立記念日の人がこんな明け方に2ちゃんねるに書き込んでいるのかな」と思っていたのだが、結局は暇人が時間に関係なく書き込みをしているケースが多いのだろう。

本章の冒頭で説明したが、いじめる対象である「バカ」を見つけたところですぐさま関連したサイトを見つけ出し、それを皆で共有し、挙句の果てにはまとめサイトを作ったり電凸をする人が存在する。

どう考えても彼らは暇人である。

その行為をすることによって多少はアフィリエイト（成果報酬型広告）のカネを稼げるかもしれないが、基本的に掲示板で誰かをバカにしたり、叩く対象の顔写真をネット中から探し回る行為でカネはもらえない。

何のモチベーションがあってそんなことをするのかを一瞬悩んだものの、結論は「暇だからやっている」としか考えられないのである。

1億2000万パケットを自慢する暇人

ネット住民の暇さ加減を象徴する記事をかつて編集したことがある。

リアルな世界における私の仲間にTという男がいるのだが、Tは携帯電話が大好きで仕方がない。一緒にいても携帯電話を覗き込んでミクシィをチェックしたり、メールに返信したりと大忙しだ。

彼は自分のことを「携帯電話依存男」と名乗るほどなのだが、あるとき、1カ月で約50万パケットになった！　と興奮しながら私に電話をかけてきた。

私は携帯電話でネットは見ないし、メールもPCで送受信しているので、この50万という数字には驚いた。私は過去に一度も1万パケットに到達したことすらない。だからこそ、この50万という数字に驚き、彼になぜ50万パケットもいったのかを聞き、「携帯電話依存男」に関する一本の記事を完成させた。

Tの50万パケットに驚愕《きょうがく》する人が続出するかと思ったところ、そんな人は皆無。以下のようなコメントが続々と書き込まれた。

「たった50万パケットで、ニュースにするな。くだらない。オレは300万はいっている」

「自分は今で700万パケットいっているが。動画利用すれば普通にこれくらいはいく」

「50万とは本当にショボい数字だ。300万いくとかコメントしている奴もショボい。自分は最低1000万はいく」

「ある1カ月間、寝るとき以外動画つけっぱなしにしたら1億2000万いった。寝るときもつけていたら2億はいったはず」

「たった50万パケットで有名人になってる奴がすごいムカつく。自分は100~200万はいっている」

このように、「50万パケット」がいかにショボい数字であり、自分がそれを軽く陵駕《りょうが》しているることを自慢するコメントが多数寄せられたのである。

記事の内容としては、「50万パケット男がいかに携帯電話に依存しているか」を書いたものだった。だが、しょせんはフルタイムで働く人間、いくら頑張っても50万が限界だったのだ。しかし彼は、ふだん会社で接している同僚から「それってすごいですよ！　異常ですよ！」と驚かれたため、私に電話をかけてきた。私も50万という数字に驚き、詳しく話を聞いて記事にした。

ただ、私たちの認識は甘すぎた。

「1億2000万パケット」に達したという人は、「寝るときもつけていたら2億はいった」などと携帯電話キャリアからすれば「や、やめてくれ！」と言いたくなるほど途方もないことを書いているし、「たった50万パケットで有名人になってる奴がすごいムカつく」は、実に秀逸で味わい深いコメントである。

さらには、コメント欄に書き込む人同士でさえ、「300万なんてショボい」とけなすのだ。というか、ここでパケット数の多さを自慢するということは、いかにその人が暇人であるかを白日《はくじつ》の下に晒しているわけで、コメント欄のこの「暇人自慢コンテスト」とも言うべき予想外の展開はあまりにもおもしろすぎた。

ブログ、SNSの内容は「一般人のどうでもいい日常」

暇人の多いネットの世界では、情報が続々と増え続けている。

それは、ニュースや企業サイト、ブログやSNSの日記、コミュニティの掲示板など、かたちはさまざまだが、一般人による書き込みがかなり多い。

たとえば、個人のブログを覗いてみると、社会問題についての鋭い意見が述べられていたり、海外のおもしろいサイトが紹介されていたり、買おうと思っていた本の書評が書かれていたりして、私たちは有益な情報を見ることができる。

だが、圧倒的に多いのは、昼ごはんに何を食べただの、ネイルサロンに行っただの、観たテレビ番組の感想だったり、総理大臣への文句だったりする。そのブログを書いている人の知り合いにとっては、その人の近況を知ることができていいかもしれないが、見知らぬ他人にとっては正直、知っていても知らなくてもどうでもいい情報だらけだ。

「今日のランチはカルボナーラ！　量が多かったけど、デザートは別腹（笑）」——だからどうした？

また、私はSNSのミクシィ内にあるコミュニティ（共通のテーマに関心のある人が登録し、さまざまなトピックスを立てて意見を言う場）のひとつ、「がんばってる人が好き」をときどき見ているが、やはりそこにも、どうでもいい情報があふれている。

管理人によるコミュニティの説明書きを要約すると、「私は頑張っている人が好きで、そんな人を見ると勇気をもらえる。今、頑張っていることがあったらメッセージ書いてね！

それを見て頑張ろうと思う人が出るかも。皆で元気と勇気をもらいましょう」。このコミュニティには2009年3月28日現在、18万9286人もの人々が参加している。

このコミュニティのトピックスには、たとえば「あなたは何に打ち込んでる人ですか?」というのがあり、「女磨き」「仕事だね」「自分らしい会社を立ち上げる」などとさまざまなことが書かれている。彼らのプロフィールを見ると、「○○に打ち込んでいる」「夢は××」などと、実に前向きなことも書かれてある。

そして、このコミュニティに参加する人々は「勇気をもらった」「前向きな人が好き」などと発言し、共感の連帯を獲得しているようなのだ。

もちろん、私はべつに誰からも勇気をもらおうとはしていないし、会ったこともない「頑張ってる一般人」のことは好きではない。単にネット上のコミュニケーションやネットで構築されるコンテンツの観察対象としておもしろいから、ヲチ(ウォッチ=生暖かく観察)しているだけである。

知らない人間が何を頑張ろうが知ったことではないし、そもそも自分の頑張りを赤の他人に披露する意味がわからない。

結局、ブログやSNSへの書き込みは、そのかなりが「自分とは関係のない一般人のどうでもいい日常」なのである。

さんまやSMAPは、たぶんブログをやらない

一方、最近では有名人でも、ネットでブログを書いたりする人は多い。だが、彼らがブログを書く理由は暇つぶしではない。彼らには明確なメリットがあるのだ。

前提として押さえておきたいのが、日本のブログのなかでかなりのPVを占めるのが芸能人のブログであるということである。そのなかでも、上地雄輔、中川翔子、眞鍋かをり、品川祐、つるの剛士、田代まさし、矢口真里、辻希美らが有名だ。

２００８年6月のCNET Japanの記事によると、上地のブログのアクセス数は１日平均５００～６００万で、ユニークユーザー数（重複のないユーザーの実数）は23万７５５名（２００８年４月12日）だという。その日のＰＶは１３１７万１０３９だった。

また、中川翔子の場合は、２００８年９月で累計アクセス数が約４年で15億に到達した。田代まさしのブログは、開始直後の２００８年10月29日に約１００万のアクセスがあったという。

一方、企業サイトのアクセス数はどうか？

「オンラインマーケティングのための実践Ｗｅｂマガジン」を掲げるMarkeZineの２００８年９月16日の記事は、「企業サイトトップレベル」であるサントリーのサイトの月間アクセス数が４０００万であることを明らかにしている（キャンペーンサイトを除く）。

４０００万というのはたしかに相当多い数字ではあるものの、大企業ではウェブサイトにかかわっている人間はかなり多い。そういった意味で、基本ひとりで更新をしている芸能人ブログのアクセス数のすごさが際立ってくる。

芸能人にとって、ブログを書くことは、情報発信や新規ファンの獲得、イベント告知、読者との交流等、さまざまなメリットがある。それを読む読者はその芸能人の生の声を聞くことができ、ブログ運営会社はブログのアクセス数を増やすことができる。

さらに、「トゥギャザーしようぜ！」などの英語混じりのしゃべり方で90年代前半に大人気だったルー大柴は、独特の英語混じりのブログがおもしろい、と評価されたことがきっかけで、２００６〜２００７年にかけて再ブレイクしたとさえ言われている。

これらを鑑《かんが》みると、２００９年、「もはやブログは有名人にとっても必須なツールとなった」と思われるかもしれないが、実際は違う。たぶん真実としては、「これからもまだ伸びしろのある人はブログをやったほうが利点が多いが、完成された大御所はブログをやる必要がない」ということである。

もちろん、文章を書くのが好きだったり、ファンに情報を発信することを重要視する大御所はブログを書いているが、それは少数派だ。

それは、志村けん、藤原紀香、星野仙一（閉鎖済み）、中田英寿らに見られる。

だが、「芸能界の大御所」とも言えるビートたけし、明石家さんま、タモリ、所ジョージ、ＳＭＡＰ、吉永小百合、高倉健、ダウンタウン、ウッチャンナンチャン、とんねるず、松嶋菜々子、島田紳助、和田アキ子、爆笑問題といったあたりが、ファンクラブの会員向けサービスの文章ではなく、万人にオープンとなったブログをはじめるイメージが私にはあまりわかない。自身がＣＭキャラを務める商品のホームページで期間限定日記などを書くことはイメージできるが。

スポーツ界では、王貞治、長嶋茂雄、松井秀喜、イチロー、松坂大輔といったところか。

上地は「１日の閲覧ユニークユーザー数が世界でもっとも多いブログ」としてギネス認定されたが、もしさんまがブログをはじめていたらどうなっていたか……。木村拓哉がブログをやっていたらどうなっていたか……。

なぜ、完成された大御所はブログをやらないのか？

その理由は簡単で、「やる必要がないし、やるインセンティブがない」からである。前に挙げたような大御所は、宣伝をしなくても仕事はバシバシ入ってくるし、情報を欲する人には有料で売ることが可能な人々だ。話を聞きたかったら、正式に取材依頼を出し、ギャラを支払ってでもその肉声を手に入れたい人物である。自ら進んでプライベートをさらけ出す必要はないし、ファンクラブ等の有料会員以外にファンサービスなどせずとも、確固たる地位はこれからも維持し続けられる。

影響力が大きいだけに、余計なことを書いて、そこでの発言が自分の深くかかわっているスポンサーやテレビ局に迷惑をかけるリスクを考えると、ブログをやる理由は見つからない。

人々がブログを書く理由は、総務省が２００８年7月に発表した「ブログの実態に関する調査研究の結果」の「ブログ開設動機」によると、30・９％が「自己表現」、25・７％が「コミュニティ」、25・０％が「アーカイブ型」、10・１％が「収益目的」（アフィリエイト等）、８・４％が「社会貢献」となっている。

これは一般を対象とした調査だが、「自己表現」と答えた人のなかには、「自らの存在を知ってもらいたい」「書籍化されればうれしい」といったプロモーショナルな面を持つ人もいることだろう。

その一方、ブログを書かない一般人が書かぬ理由は明確である。「忙しい」「書くことがない」「面倒くさい」「書いてもなんにもならない」「トラブル発生の可能性を作りたくない」といったところか。これは大御所有名人と同じ理由である。

大御所以外の有名人は、ブログで書くひと言ひと言がプロモーションになることをわかっている。２００８年７月、歌手の木村カエラが髪の毛をおかっぱにしたところ、クレラップのＣＭに出ている女の子「クルリちゃん」そっくりになった。その後、木村が、ブログやライブで「クレラップのＣＭに出たい」と公言したところ、これが製造元関係者の目にとまり、見事ＣＭ出演に至った。

番組告知やイベントの告知などを自由に行えるブログは、発展中の有名人にとっては立派な宣伝活動になるため、やるメリットは十分にあるのである。

暇人はせっせと情報をアップし、リア充はその情報の換金化にはげむ

日々ネットで構築されていく一般人による「パスタ食べました」や「今日は眠い」「大河ドラマ見ました」などの「日常の報告・雑感」。これの価値は「暇つぶし」にある。質としては、ゲームをしたり立ち読みをしたりするのとあまり変わりはない。

その一方、年収が高く、リアルな世界で忙しい人たちも当然ネットを使いこなすが、それはあくまで情報収集のためである。暇つぶしではなく、明確な目的があるのだ。

暇な人たちがせっせと構築してくれた情報を、効率よいグーグル検索と数回のクリック、そしてコピー&ペーストであらよっと入手し、それを説得材料や補強材料のひとつとして企画書などに反映させる。「最近できた○○ショッピングセンターの評判はですねぇ、たとえばですねぇ……」などとプレゼンをして、社内のプロジェクトを推進したり、クライアントからお金を引き出したりするわけだ。

あと、重要な情報を持っている人は、その情報をわざわざネットに書かない。

「なんで、客の前で話せばカネになることをわざわざネットで公開しなきゃならないんだよ」「つーか、書いている暇あったら寝たいから」というのが理由だが、当然である。

リアル世界で活躍している人は、リアルな世界の会話や体験から貴重な情報や出会いを手に入れ、空いた時間にネットでササッと情報収集をして、それらを総合してカネを稼げるようになったのだ。

もちろん、ネットの情報だけでカネをもらえるほど甘い仕事は滅多にない。だが、ネットから拾える情報とリアルの世界で得た情報を掛け合わせると、提案はグッと良くなる。

かくして、無給で情報をアップする者と、彼らのアップした情報を無料で活用し、カネを得る者が共存する構図ができ、格差はさらに広がっていくのである。

リア充がブログを書くにしても、芸能人と同じで、そこには明確な目的が存在している。

たとえば、雑誌「Esquire」の休刊が発表されたあと、編集部に所属するひとりの編集者が、復刊を応援する人や同誌の行く末を心配する人々に対し、編集部の近況や自分の思いを報告するブログを立ち上げたが、このブログは重要な情報発信源となっている。

具体的には、著名人を含む支持者からの激励の文章を紹介して復刊への後押し機運が高まることを目指したり、最後まで応援してくれている人に対して取材の裏情報を伝えるなど、読者サービスを行う場所となっているのだ。

また、知人の人材コンサルタントは、ブログを使ってセミナーや著書等、仕事の告知を行ったり、セミナー参加者へお礼の一文を書いたりしている。これは、「換金」はされないまでも、宣伝やアフターサービスという明確な目的があり、やはりブログ執筆者と読者にメリットを与えている。

他にも、「リラックスのためのブログ更新」「友人へのサラリとした近況報告」といった息抜き程度の軽い気持ちでブログを書いているリア充は多い。

その一方、暇人はもはや「息抜き」レベルを超え、「昨日は更新できなくてごめんなさい」などと、ブログ更新があたかも仕事であるかのようになってしまっている人がいる。コメント返答へのプレッシャーに苦しむ人も多く、こうなると「暇つぶしの義務化」現象が発生。いったい何のために膨大な時間を使っているのかわからなくなってしまっており、リア充の背中ははるか遠くへと行ってしまうのだ。

ああ、悲しき哉《かな》、ネットヘビーユーザー。

第2章　現場で学んだ「ネットユーザーとのつきあい方」

もしもナンシー関がブログをやっていたら……

かつて、ナンシー関というコラムニストがいた。

彼女は消しゴム版画家でもあり、テレビに出てくる芸能人を消しゴム版画と辛口コラムでバッサバッサと斬っていった。「週刊文春」や「週刊朝日」、「噂の真相」での連載が大人気で、自身のホームページでもコラムを書いていた。

雑誌の読者にとっては、「そうそう、オレもそう思っていた！　よくぞ言ってくれた！」といったたぐいのコラムを連発していたのである。

たとえば、女優の中嶋朋子については、「中嶋朋子にあんまり明るい役が回って来ないのは、蛍（『北の国から』）のイメージを引きずっているせいではなく、彼女のあの歯グキのせいである」（「噂の真相」95年12月号）といった具合だ。

そんな彼女は2002年に亡くなったが、私の編集者仲間の間では、いまだに根強い人気を誇っており、芸能関連の大事件がある度に「もしナンシーさんだったら小室哲哉逮捕をどうやって斬ったかなぁ？」などと話題に上るほどである。

彼女が連載していた「週刊文春」「週刊朝日」と「噂の真相」（2004年休刊）はいずれも辛口系の媒体であり、「ザテレビジョン」「テレビガイド」に代表されるテレビ誌や、

「Myojo」といったアイドル誌のように、芸能人のポジティブネタと提灯《ちょうちん》記事（ヨイショ記事）であふれる雑誌とは異なり、かなりエグいことも書かれている。

そんな雑誌の読者から、彼女は高い支持を受けていた。

ときどき私は、「もし、今の時代に彼女がブログを書いていたら……」「もし、今の時代に彼女がネットで署名記事を書いていたら……」と思うが、たぶんうまくはいっていなかっただろう。

というのも、雑誌は特定の嗜好《しこう》を持った人を相手にした媒体であり、その嗜好の人々に合ったネタを提供することでわざわざお金を払って買ってもらうものだからだ。

一方、無料で見られるテレビは、不特定多数のどんな嗜好を持っているかわからない人をも満足させる、いや、不快に思わせてはいけない必要がある媒体のため、そこで発信する内容はより無害で、より大衆受けしそうなものとなる。

ナンシー関の書く内容は過激である。バッサバッサと芸能人を斬りまくり、雑誌読者は快哉《かいさい》を叫ぶ。そして、きちんと読めば、それが単なる中傷ではなく、深い観察にもとづいた茶化しであり、いくばくかの「愛」がそこにはこもっていることがわかるはずだ。

だが、テレビと同様に嗜好不明の不特定多数を相手にするネットではそこまで読み込まれず、表面的な強いことばをすくい上げ、「これは悪質な中傷です!」とコラムで取り上げられた芸能人のファンがヒステリーを起こすことが容易に想像できる。

　仮に、ナンシー関が記事にコメント欄のついたサイトで週刊誌と同様の連載をはじめ、毎週、芸能人について書いていたとしたら、毎回のようにその芸能人のファンがやってきて、コメント欄を炎上させていたことだろう。

「久々の目的なき『バカ』 氷川きよしは正統派アイドル」(「噂の真相」02年6月号)と書いた場合、氷川きよしのファンが裏で連絡を取り合い、いっせいにコメント欄で「バカはあなたです」「失礼です。謝罪してください」「あんた何様よ」などのコメントを書き込むことだろう。そして、一部のネットニュースでは「ナンシー関 氷川きよしは『バカ』と断言」などの見出しで紹介されるかもしれない。

「重鎮か、ボケ老人か。スゲェぜ 森繁」(「噂の真相」92年5月号)では、「高齢者差別ですか。人権団体に通報しました」などと書かれることだろう。

　雑誌の連載の場合、読者は「ナンシーさんはこんなことを書くはずだ」とのつもりで購入し、そのコラムを読んで共感できるのだが、ネットの場合は、好きな芸能人に対する批判など一切許さない純粋まっすぐなファンたちがひょんなことから見てしまう危険性がある。

もともと、お金をわざわざ払って読む雑誌は「別世界」の話であり、ナンシー関が茶化すような有名人の純粋まっすぐなファンが訪れていなかったために、両者の摩擦は生まれにくかった。所属事務所にしても、批評の範囲であれば、「またやってるわ」と寛容に黙殺しているのが常だった。

だが、ネットは、本来一緒の場所にいるべきではない両者を同じ土俵の上にあげてしまうのである。さらに、その場で意見を簡単に書くことができる。これは、「すばらしき交流」など生み出すわけがなく、「うんざりするドロドロの争い」を生み出すこととなる。

「堂本剛にお詫びしてください」

こういった争いは、男性アイドルコンビ・KinKi Kidsのファンに特に顕著である。「日本一まずいラーメン屋」として知られる東京・千駄木の「彦龍」店主である憲彦さんは、2007年1月、KinKi Kids・堂本剛のロケ時の態度が悪く、礼儀知らずだったとブログで激怒。その結果、堂本剛ファンらによってブログは炎上した。

さらには、「堂本剛にお詫びしてください」と題されたメールが届き、「憲彦さんは剛を批難していましたが、剛はとても忙しいし、アナタにかまっている暇なんてないんですよ。レベル的に考えてもアナタが頭おかしいし、はっきり言って狂ってます。お詫びしてください。剛がかわいそうだし、多くのファンが怒っています。それに、剛はちゃんと番組で『ご馳走様』って言ってましたよ」とまで言われた。

これに対して憲彦さんは、「剛の野郎は、オレに挨拶もせず出てったんだよ。撮影終わった瞬間にプイッとそっぽむいて店から出てったんだよ。どんな相手でも挨拶って基本じゃねーの？ 剛がオレに『ご馳走様』って言っただと？ あのなあ、オレに聞こえるように言わなきゃ意味ね――んだよバカ!!!!!!!!!!!!!!!!!!!!!!!!!!!!!!!!!!!!!」と反論した。

これに対し、「クソ憲彦、てめぇこの野郎、調子こいてっとぶっ殺すぞ。てめぇの店に火くらい簡単につけれんだからよ。あんまなめた口叩くな、老いぼれが。あいさつなかったって、おまえ何様だ」と店への放火予告もされ、ブログ管理者は警察へ通報した。

また、音楽に詳しい男性がブログでKinKi Kidsについて書いた結果、ブログを閉鎖せざるをえなくなったこともある。これについては、以下のようにニュースサイト「アメーバニュース」では報じられた。

音楽に詳しい伊藤悟氏（54）がブログを閉鎖することとなった。きっかけはKinKi

Kids の堂本光一ファンからのコメントやメール。「『マナー違反』を超えた、私へのいやがらせや、ひぼう中傷で、脅迫と言ってもいいおどしなども含まれます」とのことだ。

伊藤氏は KinKi Kids のコンサートについて書いたり、歌について書くなどしているほどのファンで、本人曰く「堂本ふたりや KinKi Kids をけなしたことは一度もありません」とのこと。しかし、読者はそうは解釈しないらしく、自分の意にそぐわぬ解釈があると伊藤氏が書いたものを腕ずくで意見を変えさせようとするのだという。誤解・曲解・揚げ足とり・直接的な中傷もあり、それぞれの人が持つ堂本光一像と合わないと何を言っても否定されるのだ。

伊藤氏はパソコンを開くのが憂鬱《ゆううつ》になり、さらに身の危険を感じ、今回の閉鎖を決定した。これまでに何度も言論封殺は危険なことであることをブログで警告しても、結果的に内容・量ともにエスカレートするだけだった。

これは、「私の大好きな人のことをバカにすることは絶対に許さないわよ！」「私が不快に思うことを書くんだったら、それなりの攻撃を受けるのは当然よ！」ということだろう。同記事には１２００件以上のコメントが付き、ファンやアンチが入り乱れての罵《のの》り合いの場となった。

こうした「サイト管理者（発言者）VS.ユーザー」の構図は、さまざまな場所で見ることができる。憲彦さんの場合は、「バーカ！」と反論した結果、放火予告をされ、伊藤氏は何をどう説明しても納得してもらえず、身の危険をも感じ、ブログを閉鎖した。


芸能人を中傷して18人が摘発!?


また、「有名人を中傷するユーザー」の例もある。

2009年1月、『クイズ！ヘキサゴンⅡ』（フジテレビ系）出身の男性ボーカルユニット「羞恥心《しゅうちしん》」メンバーのつるの剛士が、収録前に、メンバーの上地雄輔・野久保直樹と3人で撮影した写真を自身のブログに掲載。

すると、一部のパソコンの画面では野久保の顔が切れて見えるようになってしまった。これに野久保ファンが激怒し、つるのブログのコメント欄で大暴れ。つるのファンが野久保ファンを罵るなどの事態も発生。そのなかで、つるのへの殺害予告をする者も現れた。

この件では、つるの所属事務所は特に被害届などを出さなかったが、被害届が出され、逮捕者が出る事態にまで至った件もある。

ある芸人の公式ホームページ内の掲示板に「殺人者」などと名誉毀損《きそん》の書き込みをした17歳から45歳までの18人が２００９年１月に摘発され、その後、６人が書類送検された。

その芸人の名前はスマイリーキクチ。

摘発された18人は、スマイリーを１９８９年に発生した「女子高生コンクリート詰め殺人事件」の関係者だとする書き込みを執拗《しつよう》に行っていたのである。「人殺しはテレビに出るな」などと書かれていたという。

これらの書き込みがなされたことの大本は、根拠・真偽ともに不明の「スマイリーキクチはコンクリ事件の関係者」との説がネット上へ広がったことにある。このガセネタを信じた人々が「許せん！」とばかりにスマイリーの掲示板に義憤《ぎふん》の書き込みをしたのである。

だが、言いたい。この事件でお前はどう関係があるのだ？　と。

はっきり言ってこの18人はバカだ。まずは、真偽があまりに不明すぎる情報をもとに名誉毀損の書き込みをするのはバカである。そして、事件に対して怒りを覚えることはわかるが、ネットという公の場での発言には責任とリスクが伴うことを理解していなかったのもバカである。これは、ただのバカによるどうしようもない事件にすぎない。

とはいえ、いくらネットの発言であろうが「名誉毀損の書き込みを執拗にした者は摘発される」という前例を作ったこの件は重要だ。ネットでの発言も「公」という認識ができたのは歓迎すべきことである。

伊藤悟氏のように、書かれた側が耐えるだけでなく、不当な書き込みにペナルティが科されるようになったことは、より真っ当な社会へ向かうための第一歩となるだろう。

ネットはもっとも発言に自由度のない場所

――と一瞬、新聞社のコラムのような優等生的発言をしたが、この件に対して私は懐疑的である。リアル世界によるネットへの介在は、「不当な書き込み」への抑止力を生むが、同時に「正しい書き込み」に対する抑止力をも生むからだ。

もともと私のサイトでは、ふだん週刊誌で記事を書いているフリーライターが、自分の知っているネタや取材したネタを元にした記事を自由に私に送ってくる体裁《ていさい》を取っていた。記者発表ものや公式取材ものであれば特に問題はないのだが、関係者の裏話をもとにしたスキャンダル系のものなど、ときに痛いところを突く記事もあった。

サイト自体がマイナーすぎる存在だった頃はクレームは一切なかったのだが、サイトのPVが増えてくると、関係者の目にもとまるようになってくる。すると、「記事を削除するように」という通達がくるのである。

かつて雑誌の編集やライターをしていた頃にも、関係者からのクレームはあったが、記事内容の過激さと比べたらクレームは少なかった。「そりゃ、くるだろうな」というものに対し、クレームがきていたのだ。

たとえば、某遊戯施設を取材したときに「うちと他社施設を比較しないでください」と事前に言われた。だが、同時期にオープンしたそのふたつの施設を比較しない不自然さが気持ち悪く、結局比較をしてしまったときは、当然クレームがきて出入り禁止になった。

雑誌のコラムで、とある芸能人をライターの私怨《しえん》で過度に「つまらない、エラソー」などとけなした文章を載せたときも、事務所からクレームがきて謝罪をすることとなった。

だが、ネットの場合、「この程度のネタでクレームするか?」と思うようなことでくることもあるのだ。しかも、クレームの理由も「話が間違っている」ということではなく、「よくも書いたな」というものばかりだった。

それは「○○社と××社の人に言えない関係」「某企業からのずさんすぎる仕事の発注方法」「○○という商品の想定外の危険な使われ方」などといったネタで、ライターの取材した内容は正しい。だが、関係者からすると、これらのネタがネット上に残り続けるのは好ましくないことなのだ。

雑誌の場合は、次の号さえ出ればその内容は消えるし、関係者が読みさえしないことも多い。だが、ネットでは検索ができてしまうため、自分にとっては痛いネタも簡単に見つけることができる。「関係者の関係者」という遠い存在の人が、わざわざＵＲＬを教えてあげたりもする。

「これをうちのお客さんが見たら……」「上司が見たらヤバい……」「とにかく私はこんなネタがネット上にあることが不快だし迷惑だ……」ということで、雑誌ではクレームがつかなそうな程度のものでも「とりあえず掲載者にクレームをつけて削除・謝罪させよう」という作用が働くのである。

そこでは「取材内容は正しい」という執筆者側の論理は通用せず、「とにかく困るから記事を削除してくれ」「なぜ、事前に掲載することを言わないのだ！」ということになりがちだ。その対応の煩《わずら》わしさから、「正しいけど落とす」という判断になったり、「もう面倒くさいから誰かの痛いところを突くネタは書くな」という指示をするようになったりもする。

もともとクレームをつける必要さえない程度のネタでさえ、予防線を張るためにクレームをつけざるをえないのがネットという世界だ。それはときに、「正しいものは正しい」という、かつてはあたりまえだった考え方を完全にぶっ壊す結果につながるのである。

もともと私は、辛口コラム誌「テレビブロス」の編集者である。どうしても誰かを茶化したくなったりしがちだが、べつにその記事ひとつで多くのアクセスを稼いだとしても、その後発生が予測されるクレームを考えると、その記事を出す理由はない。

むしろ、３つの穏やかな記事を出すことで同程度のアクセス数を稼げばいいし、スキャンダルや内情暴露ネタ以外でおもしろい記事を生み出せばいい、と割り切っている。

この話を新聞記者や雑誌編集者にすると「ヘタレ」と呼ばれるが、呼ぶなら呼ぶがいい。あなたたちみたいに大組織がバックにあるわけではないし、クレーム対応に追われるよりも、私は編集の仕事をしていたいのだ。

あと、ネットニュースの編集者をしていてつくづく思うことは、新聞社の「特オチ」が一般的には意味がないということである。新聞社では、他社が掲載した特ダネを落とすことを「特オチ」と呼び、最大の屈辱であるとされている。新聞記者と話をしていても「特オチが原因で更迭《こうてつ》されたデスクがいる」などの話を聞く。

だが、ネットニュースではじわじわとネタが広がっていくため、一番目にスッパ抜く必要はなく、後発でそのネタを紹介してもそれなりのアクセス数は確保できるのである。一番目にスッパ抜いたとしても、他のサイトは悔しがらないし、媒体のメンツなんて読者は気にもしない。彼らは単に「おもしろいもの」「興味あるもの」をクリックするだけなのだ。

さらに、一番目に報じたサイトにクレームが付きやすいというデメリットもある。

よって私たちは、「痛いところは書かない」方針を取りつつも、世間的にことが大きくなり、掲載しないことが不自然すぎる場合は、「二匹目のドジョウを狙え」をさらに退化させた「二匹目のドジョウを取った人がこぼしたドジョウをすくえ」の方針で記事を掲載するようにしている。

「ジャーナリストの矜持《きょうじ》はどこへ行った!」とジャーナリスト諸氏からは怒られそうだが、「オレは単なるネタ提供役のIT小作農でしかないし、『ジャーナリスト』なんてネットではウケない」としか思っていない。

ネットニュースの編集者は正直キツい仕事である。制作費は雑誌より少ないにもかかわらず、リスクは高いからだ。

一度、記事がヤフートピックス（ヤフージャパンのトップページに出てくるニュース欄）に出たら、関係者は絶対に知ることになるし、その記事をコピー&ペーストで簡単に関係者全員に回し、「制裁すべし!」との判断をされやすい。

仮に、アップ直後は問題視されなかったとしても、ネット上にアーカイブ化されている関係で将来的に検索され、クレームの対象になる可能性がある。

雑誌は買われない限りは見つからないし、次の号が出れば市場からは消え、その話題はなかったことにされる。関係者から見つかり、クレームを受ける可能性がより高いのはネットだと思っておいたほうがいい。

もともと、私が雇ったフリーライター陣のモチベーションは、自分がふだん書いている媒体では書けない記事を自由に書けることにあった。彼らは取材相手との関係上、提灯記事しか書けないことが多い。さらに、誌面には限りがあり、自分の書きたい企画がすべて通るわけでもない。

それらに不満を持つライターにとっては、自由にいろいろ書けることに魅力を持ってくれていたのだが、今ではもはやその魅力はない。何人かのライターはもう書いてくれなくなっているが、それは媒体の規模と方針が変わったので仕方がない。

2ちゃんねる管理人の西村博之氏は、無職の人々がネットで犯罪予告するケースが増えた時期である2008年6月30日、自身のブログで「無敵の人」という概念を説いた。

これは、「もともと無職で社会的信用が皆無」であり、逮捕や刑罰を「リスクだと思わない人たち」のことである。

彼らは犯行予告によって警察官を動員させたり、飛行機を遅れさせるだけの発言力をネットによって手にしたが、西村氏は「無敵の人は気が向いたときに社会を混乱させることが出来ますが、無敵の人が社会を混乱させる前に無敵の人を止めることは誰にも出来ないんですよね」「日本が法治国家であり、人権を尊重する限り、彼らが逮捕を恐れる可能性は少ないわけです」と結論づけている。

本項の最後にはっきり言っておく。

・ネットはプロの物書きや企業にとって、もっとも発言に自由度がない場所である
・ネットが自由な発言の場だと考えられる人は、失うものがない人だけである

「ネットで消費者の声を聞け」は大ウソ

ネットによって、本来出会わなかったであろう人と人が交流できるようになったのは良いことだ！　などとよく言われるが、おそらく、本来出会うはずのなかった人々が交流するようになったことで、摩擦のほうがより生まれたのではないだろうか。

この手の話というのは、マーケティングにおけるケーススタディと同じで、成功例ばかりがちやほやと取り上げられるが、実際はその成功例の下には、その何十倍もの失敗例があるのだ。

とにかくネットでは、クソマジメな人が本気か本気でないかは知らぬが、情報発信者を説教する例がありすぎる。

とある掲示板で議論されていた「絶対にやってはいけない遊び」を紹介したり、「砂風呂遊び」で栃木県の中学生が重体となったときに「他にもある　小中学生の危険な遊び」といった記事を出したら、「マネする人が出たらどうするのですか？　責任取れますか？」と読者から怒られた。

また、アメリカ人女性が日本で疑問に思ったこと（なぜ日本には下着泥棒が多いのか、など）を書くと、「そんなにイヤだったら国に帰れ」という意見がくるし、「編集部が架空のアメリカ人女を仕立て上げて日本を攻撃している」などと言われる始末だ。

コメント欄には、ときに有用な意見が書き込まれることもあるが、多くの場合、ライターや編集者、取材対象者がヘコんでしまう内容が書き込まれる。それが原因で書かなくなったライターもいるし、編集者である私も一日中どんよりとした気持ちになったことがある。

だが、2006年から2007年にかけては、Web2・0とやらがネット界では流行《はや》っており、「双方向」であることがニュースサイトにも求められる風潮があった。質問されたら返事をするのがマナーであり義務だと思っていたし、そうすることによってロイヤルカスタマー（自社製品・サービスを愛してくれる顧客）を獲得できると思っていた。

しかし、とある瞬間を境に、私はWeb2・0というものが、少なくとも頭の良い人ではなく、普通の人を相手にしている場合は、たいして意味がないことを知ることになる。

「オープンソースでプログラムを作る」などといった「頭の良い人」の世界では、Web2・0の概念が非常にしっくりきて、すばらしいプログラムの誕生へ役立つことだろう。だが、相手が暇つぶしの道具としてインターネットを使っている「普通の人」か「バカ」の場合、双方向性は運営当事者にとっては無駄である。

なぜなら、運営側に余計なストレスを与えるからだ。彼らの意見をいちいち汲《く》み取っても、おもしろいサイトはできない。意見をわざわざ言ってくる人が求めるのは、人をホメるだけの無害なコンテンツであったり、その人の個人的な嗜好にもとづいたやたらと過激すぎるものばかりで、どう考えてもPVの高いサイトを作れるとは思えない。

人を傷つけずにPVの高いサイトを作り出す方法や、より多くの人のブログに引用してもらえる記事を生み出す方法をいちばん考えているのは、運営側の人間である。外野が思いつきで言った内容をいちいち採用することはムリである。

もちろん、タレが固形になっていて食べやすい納豆「金のつぶ あらっ便利！ におわなっとう」（ミツカン）のように、外野（消費者）からの意見が参考になって生まれた商品もあるが、それはあくまでも無数の取り組みのなかからマスコミが頑張って探し当てたひとつの成功例にすぎない。

「消費者の意見を聞いたからヒット商品が生まれた」などと信じてはならない。「このヒット商品はたまたま消費者の意見を聞いたことが発想のヒントになった」が正しい。

「あらっ便利！ におわなっとう」は、2008年から2009年にかけて、「クレームがきっかけで生まれたヒット商品」として、かなり多くのテレビ局と雑誌社が取り上げていた。よっぽどそのような例が他にないのだろう。

ともかく、現場で給料をもらって働いている人は、自分こそがその商品についていちばん詳しく、いちばん強い思いをもって生活をかけてやっている、だからこそ自分の力でヒット商品を生み出す、との気概をもって日々仕事をし、ユーザー・顧客と接するべきである。

「Web2・0」とかいうものを諦《あきら》めた瞬間

私が双方向性に見切りをつけたのは、「公共の場所で禁煙の動きが加速する」という趣旨の記事を出したときのことだ。この記事に激怒した男性が、「記事の編集担当者を出せ」と言ってきた。

当時、私は「ニュースサイトの編集者なんだから、双方向性を重視しなくちゃな！ Web2・0の時代だしな！ よーし、どんな意見でも聞くぞ〜。オレ、自分の携帯電話の番号でさえ公開して、読者との対話をもってより良いサイトを作っていくぞ〜！ その公正性は必ずや読者から評価されるはずだ！」と思っていた。

だが、この男性とは対話にさえならなかった。いきなり電話口で、「あぁ、なんだ、てめえ、あんなクソ記事を出しやがってよー！ ふざけんじゃねぇよ、オレたち喫煙者を差別してるんか、エッ！」と怒鳴られたのだ。

そして、「えぇとですねぇ、そんなことは……」としどろもどろになって答えると、「ふざけんな、バカヤロウ、テメェ、アホか、エッ！ いったいなんのつもりがあってよぅ、あんなクソ記事出すってんだよ、エッ！ テメェ、死ね！」「それはですねぇ……」「あぁ、お前口ごたえするのかよ、刃向かうってか？」という展開になったのである。

これが30分も続き、「テメェ、記事を削除しろよ」という話になったが、「問題があるかどうかもう少し様子を見たうえで判断する」として、それは約束しなかった。

そして、この男性は最後に驚きの提案をするのである。

「な、あんたさぁ、より良いサイトを作りたいんだろ?」「はい。そうです」「だったらよぅ、あんたさぁ、オレの言うことを聞けよ。いいアイディアがあるぜ」「はい。教えてください」「韓国を叩け」「ハッ?（呆然）どういうことですか?」「あのな、世の中には50％の喫煙者がいるんだよ。その人たちをあんたらは敵に回すべきではなくて、いや、はっきり言って今あんたらは喫煙者を敵に回したサイトになってるぜ。だから、それを挽回するために、韓国人を叩くんだよ。なぜなら、非喫煙者は50％しかいないけど、韓国が嫌いな人はこの日本に90％もいる。その人たちから支持を受けるサイトにするには韓国を叩けばいいんだ」

もちろん、こんな提案を受けられるはずがないものの、「はぁ、貴重なご意見ありがとうございます」と言ってその日は電話を切った。

そして数日後、再びその男性から電話がきたのだ。また激昂《げっこう》していて、「エッ！　テメェ、記事まだ削除してねぇだろ、オレとの約束守れねぇってのか!」となり、再び電話は20分を超えた。そして、「この記事は落とさないが、これから喫煙・禁煙関連の話は控《ひか》える」ことを約束させられた。もう正直、対応しきれなかったのである。

すぐさまライター陣に「喫煙・禁煙関連の記事は書かぬように」という通達を行い、私たちのサイトでは一時期、世間でどれだけ喫煙・禁煙問題が騒がれていようが無視するといういびつな状態が続いていた。

そうこうしているうちに、男性からは「韓国を叩く件はどうなったか?」という連絡が入るようになり、そこで私はもはや「双方向」を諦めた。「Web2・0」とやらはあくまでも頭の良い人のための概念であると結論づけ、コメント欄をあまり見ないようにすることにして、携帯電話番号の公開もやめたのである。

私たちのサイトにとってコメントの存在は大きかった。コメントには必ずすべて目を通し、企画を立てるうえで参考にもしていた。

だが、それは規模が小さいときにのみ可能な話である。規模が小さいときは「コミュニティ感」があり、ヘンなことを書けば非難されていた。そして、自分のブログへのリンクを貼る人も多かったため、とんでもないことを書けば自分のブログに人が押し寄せて炎上させるリスクがあり、みんな真面目にコメントを書いていた。

だが、長く続けていると、アクセス数、コメント数も激増。「コミュニティ」というよりは、「開かれた場」になった。毎日３０００～５０００程度のコメントがつけられたため、もはやコメントを読んでいる余裕はないし、匿名であるがゆえに乱暴なコメントも増えてきた。

そこで私が結論づけたのは、

・全員を満足させられるコンテンツなどありえない
・結局、頼れるのはおのれとプロジェクトにかかわっている人だけ

の2点である。それでもアクセス数は当初の１８０倍にまで増えたし、このやり方で正しかったと思っている。

だが、コメント欄のコメント数が増えると質は低下してくる。ニュースサイトのなかには、コメント欄が女性器を表す単語の連呼にアダルトサイトへ誘導するスパムコメント、単なる悪口だらけになってしまったサイトもあった。

そのため、事前承認制にしたり、ＩＰ制限をかけたりと、運営側で制限をかける例も出てきた。

コメント欄を自由にしすぎるとロクなことにならない。実際に荒らし行為を行っているのは数名と推測されるが、善良なユーザーに対するサービス提供という意味で、彼らを排除する必要があるのだろう。

とあるサイトがコメント書き込みに対する制限をアナウンスしたところ、「悲しい」「他にこんなことができる場所はないでしょうか」などの書き込みがあった。おそらくこの人たちは荒らし行為をするような人ではなかったと思うが、一部のバカによって全体の楽しみが奪われる結果となってしまったのである。

私が観察したところ、制限を加えたサイトのコメント量は明らかに減ったものの、質は上がったように感じられた。このように、管理側である程度の規制をかけることは今後も必要となってくるだろう。

「オーマイニュース」惨敗の裏側

さて、「Ｗｅｂ２・０」や「ＣＧＭ」（Consumer Generated Media＝個人の情報発信により作られるコンテンツ＝Ｗｅｂ２・０的なもののひとつ）の呪縛《じゅばく》に苦しめられたサイトがある。

日本版オーマイニュースである。

もともとは韓国発のニュースサイトで、コンセプトは「市民みんなが記者だ」。これまでプロの記者の領域であったニュースのジャンルに市井《しせい》の人々がニュースを送り、プロの編集者の手によって編集されるスタイルにより、韓国では爆発的にヒットした。その影響力は「盧武鉉《ノムヒョン》政権を生み出した」と言われるほどである。

オーマイニュースの日本版が開始された2006年8月28日、編集長の鳥越俊太郎氏と代表の呉連鎬《オヨンホ》氏の記者会見が、テレビをはじめ、さまざまな媒体で紹介されたこともあり、サイトへのアクセスが殺到。重すぎて見ることすらできぬ状態だった。

私たちのサイトは彼らより少しだけ早い時期にオープンしており、PVは当初、目標の15分の1。惨憺《さんたん》たる状況だった。オーマイニュースの大盛況を横目で見ながら、絶望的な気持ちにスタッフ全員がなったのを覚えている。

当時のオーマイニュースへの期待はすさまじいもので、「ついに偏向報道・利権まみれのマスゴミがフェアな市民の力によって駆逐される」といった期待さえあったほどだった。だが、蓋《ふた》を開けてみれば、ニュースに対する感想を述べて、最後に「すべては格差を生み出した小泉政権のせいだ！」と叫ぶだけの、劣化版新聞社説のような記事だらけだったのだ。

他にあったのは、韓国関連のネタだったり、日の丸・君が代問題だったりする。さらに、連載コラム陣には、二宮清純、山崎元、鈴木邦男といった著名人を持ってきたり、「スクープフィクション」と題した、反日的で中途半端な皮肉の風刺漫画を掲載した。

ここまで見て、オーマイニュース編集部がやろうとしていることは、既存メディアの枠組みと同様に、「権力を批判すればいいんだろ」「著名人にコラムを書いてもらえばいいんだろ」というものであることが明らかになった。

さらに、編集部は中立の立場を宣言していたものの、投稿する市民記者には左系意見を述べる中高年の人々が多く、ネットのなかではいかにもウケなさそうなネタが並んだ。

当初、編集部は、市民から内部告発や全国紙が支局を持たぬような土地特有のおもしろいニュースが寄せられると思ったのだろうが、実際に寄せられたのは、どこかで聞いたようなオピニオンやら、ただ私怨を撒《ま》き散らすものだらけだったのである。

そして当然、そんな記事が多いとコメント欄は荒れることとなる。内容に問題があれば荒れるのはあたりまえだ。

当時、オーマイニュースで記事にコメントできるのは、銀行口座等の個人情報を編集部に知らせた市民記者（実名）と、ゆるい条件で登録できる「オピニオン会員」（ハンドルネーム使用可）だった。

だが、開始から2カ月目に、オーマイニュース編集部はコメント欄（同サイトでは「ひと言欄」）のあまりの荒れっぷりに、「オーマイニュースは悩んでいます」としたうえで、コメント欄の運用に関する意見を募集した。そのような募集記事を書いた理由は、市民記者から以下のような苦情・相談が寄せられたからだという。

「記事の内容とは関係のない書き込みをなんとかしてほしい」「誹謗《ひぼう》中傷がひどすぎる。これでは議論にならない」「他のサイトのURLを貼るのはいかがなものか」「記事を削除してほしい」「ひと言欄を読むのが怖い。もう記事を書きたくない」「このような誹謗中傷を書き込まれるなら、市民記者を辞めたい」。

これを受け、私はオーマイニュースが「ひと言欄」に意見を募集していることについて、一本の記事を自分のサイトで書いた。べつに「Ｗｅｂ２・０の危機だ！」などと思ったわけではなく、単にＰＶの多いサイトが抱えている問題に意見を言えば、自分のサイトを見てくれる人が増えると思っただけである。要はコバンザメ商法だ。

文面は記事とは呼べぬほどひどいものだったが、一部紹介する。

「何を言っているのだ、エッ！　と言いたい。かりそめにも『記者』を名乗り、微小ながらも報酬を得ているというのに何を甘えているのか！　市民記者登録をし、記事を投稿している時点で覚悟はなかったのか！　批判や罵倒を恐れるのであれば、市民記者などと名乗らずコメント不可のブログで記事を書いておけば良いのである。しかも、創刊時に鳥越俊太郎編集長は『異論、反論ドンドン書いて下さい！　そんな活気のあるメディアにしようではありませんか‼』と挨拶を結んでいる。今になって表現者としての資質のない者（つまり、公の場でモノを言った場合は、批判やクレームはつきものであることを認識していない）の甘えた苦情をつらつらと並べ、『オーマイニュースは今、悩んでいます』などと何を言ってるのだ、ドーンドーン（机を叩く音）。コメント欄が荒れるのは、その記事に問題があるからである。それだけだ」

結果的に11月17日をもって、コメント欄での活発な議論の結果を無視するかたちで、オーマイニュースは「オピニオン会員」制度の廃止を決定。市民記者・オピニオン会員から多数の反発があったものの、以降は市民記者だけがコメントできるようになった。

オーマイニュースの創刊宣言で鳥越編集長は「異論、反論ドンドン書いて下さい！　そんな活気のあるメディアにしようではありませんか‼」と書いたが、その舌の根も乾かぬうちに、異論、反論を排除する流れになったのである。

その後、オーマイニュースは、鳥越氏の体調の問題から編集長を「週刊現代」元編集長の元木昌彦氏へ変更、プロのライターが書く記事の比率を増やしていった。そして、「empro」というプロが書く別サイト（「実験プロジェクト」と称した）を立ち上げたが、これは「市民記者軽視」ということで、ここでも市民記者と編集部の間で対立が発生した。

そして、ドタバタ騒ぎだらけのオーマイニュースは、開始時の期待を裏切り、2008年8月31日をもって「オーマイライフ」と名称を変更し、マネー中心の情報サイトへと生まれ変わったのである。さらに、2009年4月3日でサイトの更新を終了、4月24日をもってサイトを閉鎖することとなった。

結局、B級ネタがクリックされる

オーマイニュースの失敗が、創刊準備段階における鳥越氏の「2ちゃんねらーを敵に回した『2ちゃんねるはゴミだめ』発言」と、「オピニオン会員排除問題」「プロ大量採用」にあると分析する声があるが、私はそれらはさほど影響しなかったと考えている。

問題は、編集陣がネットでウケるネタを見極められなかったことと、一般人の文章執筆能力に限界があることだ。

まず、ネットではタイトルが重要なのである。

たとえば、ヤフートピックスに出ている記事をいくつか見てみよう。これらは、2009年3月17日の早朝に掲載された記事から4つ選んだものだ。

「『日本のトイレがハイテクすぎる』米国のソーシャルニュース『Digg』で話題に」

「小学生のお手本に……俊輔が道徳教科書登場」

「〝ダウンタウン育ての親〟大崎洋氏が吉本興業の社長に就任」

「『川の悪臭ひどい』調べてみれば……駅のトイレから汚物流入」

これらは直接的に「ウホッ、これってどーいうこと?」と思わせるタイトルになっていると思うのだが、オーマイニュースの場合は、

「ニューヨーク在住25年、ヒデさんのこみ上げる思い」(つーか、「ヒデさん」って誰だよ?)

「作っても壊せない 技術検証の難しさ」(「技術検証」ってなんだよ、わかんねーからクリックしねー)

「夫婦を引き離す日本の難民政策に疑問」(一般人のオピニオンなんて聞きたくねぇよ!)

など、クリックする気が起こらないのである。

断言しよう。ネットでウケるネタは以下のものである。

①話題にしたい部分があるもの、突っ込みどころがあるもの
②身近であるもの（含む、B級感があるもの）
③非常に意見が鋭いもの
④テレビで一度紹介されているもの、テレビで人気があるもの、ヤフートピックスが選ぶもの
⑤モラルを問うもの
⑥芸能人関係のもの
⑦エロ
⑧美人
⑨時事性があるもの

これはあくまでも私がこの2年半、ほぼ毎日のようにネット用のニュース記事を編集し続けたうえで結論づけたものだが、これらに則《のっと》れば確実に高いPVを稼ぎ出してくれる。

このような原理原則は1カ月もあればわかることだったのだが、オーマイニュースの場合、開始から8カ月経過した2007年4月28日の段階でも、あまりわかっていなかったようだ。

「元木編集長代理が逆質問『団塊・動画・地域・双方向』」という記事は、市民記者と元木編集長代理（当時）が飲み会で交わした会話がもとになっているのだが、ここで、当時オーマイニュースには「団塊・動画・地域・双方向」の4テーマを重視する流れがあることが明らかにされた。

だが、結論を言うと、「団塊」はネットではウケない。むしろ、「高度成長期とバブル経済期を終身雇用を背景に謳歌《おうか》し、年金もうすぐきちんともらえる世代。お前らに支払う大量の退職金のせいで、オレたちの給料が少ないし、オレたちがリタイヤするときに退職金・年金はそこまでもらえるかよ?」と敵視される。

「動画」は、テーマが社会的関心に合うか、よっぽどのインパクトがなくてはうまくいかない。「地域」は、グルメ情報や変わった風習などであればウケるが、書き手のネタ収集センスが求められる（オーマイニュースの市民記者にそのセンスはない）。「双方向」は、いったん双方向性を重視したうえで失敗したのだから、これ以上手を染める必要はないのでは?　と私は感想を持った。

結果的にこれら4つのテーマ重視は、オーマイニュースの世間的な評価向上には直結しなかった。「テレビで主婦に大人気、毎日新聞出身の鳥越俊太郎氏」「日経新聞出身の平野日出木氏」「週刊現代の名物編集長だった元木昌彦氏」をはじめ、既存メディアで高い地位を築いた人々によって構成されたオーマイニュース編集部は、「格下メディア」であると既存メディア出身者が思いがちのネットで何がウケるかを見極められなかったのだ。

タクトを振る編集部がこのような状態であることに加え、書き手である「市民記者」も惨憺たる状況だった。結局、市民記者の多くは、単に自己主張したい人だったり、「自分もジャーナリストになれるんだ！　そして、いつか本を書いたりできるんだ！」と希望を持った人だったり、「ついに私の才能を開花させる場所が見つかった！」と思う自己顕示欲が強い人だったのである。原稿料がわずか３００円であっても、とにかく何かを書きたい人だったのだ。

そんな人が公的な場所で読者のお眼鏡にかなう記事をかけるかどうかといえば、疑問符をつけざるをえない。オーマイニュース編集部発の内情報告記事を読んでみると、編集部から手を加えられることを良しとしない市民記者がいたり、「自分の意に沿わないので辞めます！」と宣言する記者が出るようになったことも明らかにされていた。

本来、記事というものは、「媒体特性＝読者の嗜好」に合わせたネタを選び、文章を書くものだ。だが、多くの市民記者は、「書きたいことがニュース」という判断のもと、社会的なニーズよりも自分の欲求を満たすことに市場性があると勘違いしてしまったのである。

そんな編集陣と執筆陣でニュースサイトを運営するのは相当難しかったことと推測できる。

素人に価値のある文章は書けない

もちろん、オーマイニュースにもキラリと光る記事はときどき散見された。

太宰治が入水《じゅすい》自殺をしたことで知られる玉川上水に浮かぶ泡のレポートをしたうえで、それがいったい何かを東京水道局に尋ねて環境問題にも切り込んだ林美幸記者や、山奥で真っ白な猿を撮影することに見事成功した湯田祐一記者、北海道で鯨《くじら》の解体シーンを動画撮影した高橋篤哉記者、電車のなかの小市民的な怒りの妄想を「うなれ！　俺の右こぶしっ！」と題して綴《つづ》った松本慶彦記者、白菜鍋を楽しみにしていたのに外出中、飼い犬の「アーちゃん」に白菜を食べられてしまったほのぼのエピソードを綴った大村賢三記者など、「市民記者」としての本領を発揮した記事もあった。

林、湯田、高橋、松本、大村の五氏は、市場性をかなり把握していた特別な市民記者だった。あくまでも例外である。

実は、私のところにも、一般市民から「記事を書きたい」と連絡がくることが多かった。かつて編集者としてのブログをやっていた関係で、メールを送ることができたのだ。「私もあなたのところで記事を書きたい！　はっきり言って私のブログは人気があるし、周囲の人は『あなたの文章はおもしろい！』とホメてくれる」という人が多数いたのである。

記事が増えるのは良いことだし、その人にしか知りえないネタや、その人が居住する地域のおもしろいネタが投稿されるのはコンテンツの拡充とＰＶ増に貢献してくれるはずだ。そこで、「あなたがどんなことに興味があるかを教えてください」とメールで聞いた。すると、「お菓子作り」「食べ歩き」「プロ野球の横浜ベイスターズ」「東北地方」などと返事がきた。

そこで、「お菓子作り」が得意だと書いてきた人には、「１００円以内で作れるおいしいお菓子の記事を書いてください」と依頼をした。「食べ歩き」と言ってきた人には「これまででもっともカロリーが高そうだった店を紹介してください」、「横浜ベイスターズ」の人には「横浜スタジアムでもっとも人気の高いお弁当を紹介してください」で、「東北地方」の人には、「県民性の違いを、実証できるデータと共に紹介してください」と私たちの読者が興味を持ってくれそうな記事の執筆依頼をした。

だが、全員が「なぜ、あなたから指示をされなくてはいけないのだ！」「それってどういうことですか？」と激怒、ないしは困惑したのである。そして、「私は私が書きたいものを書くのだ」と言ってきたのだ。

そこで私は、「だったら書きたいことのタイトルと、想定できる内容を箇条書きでけっこうなので送ってください」と返事をした。すると、ひとりを除き、誰も返事をしてこないのである。

たぶん彼らは、「私みたいに文才のある人が、なぜ自分の好きなものを書くことができずに、あなたみたいな三流編集者の指示を受けなくてはいけないのか」と思ったのだろう。だが、冗談じゃない。こちらは原稿料を少なからず払うわけだから、編集者である私の意向に沿ったもの以外は掲載したくない。そして、依頼に対して返信をしてきた唯一の女性が書いてきた内容は無惨だった。

彼女は化粧品に詳しいとのことで、「ヒアルロン酸の効果」という記事を書いてきた。テーマ自体はいいのだが、文体がこんな感じなのである。

「私は化粧品にはお金をかけるべきだと思います。なぜなら、高い化粧品はやっぱりそれなりに良いところがあると思うからです。そのなかでも、ヒアルロン酸はプルプルお肌になるので超オススメ！　でも、ヒアルロン酸は1グラム50万円もするので、ちょっと高いね。でも、効果はすごいから、サプリメントを買うなどして、お肌に使ってみては?」

まがりなりにも、「ニュースサイト」を名乗り、文体も新聞記事風にしているというのに、こんな文章を送ってきたのである。他の記事を見れば、私の編集しているサイトがどんな媒体で、どんな読者を相手にしているか、文体も含めてわかるかと思ったのだが、それさえ把握せず、自分が書きたいように書いてきた。

彼女にいったんは質問のメールを送ろうとした。「ヒアルロン酸とは何から取れるものなのか？」「ヒアルロン酸がお肌をプルプルにする理由は何か？」「１グラム50万円という記述があるが、そのソースはどこか？」「具体的にヒアルロン酸の入った商品で客観的データとして売れているものは何か？」「さまざまな表記をするにあたり、薬事法の問題はすべてクリアにしておいてください」「副作用についても触れてください」と書こうとしたのだ。

だが、元の文章を見ると、私の疑問を的確に解決したうえで新聞記事風の文章にするのはこの人にはムリだと判断。なによりも、私は一日に多くの記事を編集しなくてはならないので、この無茶苦茶な原稿に時間をあまり取っている余裕がなかった。

指導する義務もない、部下でもない、ましてや会ったことさえないライターへの指導は、極力したくなかったのである。

これ以降、私は他の媒体での執筆実績があり、実際に会った人としか仕事をしないことを決めた。やはりプロの場合は、こちらが求めるものや媒体特性を理解したうえで、文字量をオーダーに近いかたちで書いてきてくれる。

そしてなによりも重要なのが、ふだん紙媒体でやっている仕事をメイン業務と位置づけたうえでこちらの仕事をやるため、自我をまったく出さないことだ。修正をしても文句を言ってきたりしないし、「あなたのほうがネットの編集には詳しいですからお任せします」と言ってくれる。

圧力によって記事を削除した場合も、「仕方ないですね」で済ませてくれるのは、こちらとしてはたいへんありがたい。

文章というものは、小学生の頃から作文や感想文を書いたり、その後も大学でレポートや卒論を書き、仕事でも書類を作り、さらには電子メールやブログでも書く機会が増えるなど、多くの人にとって身近な存在である。そんなものだから、音楽やイラストとは異なり、誰にでもできると思われがちだ。

そして、文章とは、人からスポットライトを浴びる花形職業であるサッカー選手、野球選手、芸能人、ミュージシャン、漫画家等になれる才能がない人が、最後に「自分には才能がある。いつか大傑作の小説を書くことができるはずだ」と拠《よ》り所にするものなのである。

だが、本当のところは、「カネを取って人に読ませるレベル」の文章はなかなか書けないものだ。

それがよく表れたのが、２００９年1月、日本美容外科学会で報告された、ヒアルロン酸の自己注射による後遺症例の顛末《てんまつ》だ。36歳の女性が自分の頬《ほお》や目の下に自分で注射したのだが、注射した部分の一部が膨らみ、しこりになった。このしこりが完全に治ることは難しいという。

この女性がヒアルロン酸の自己注射に興味を持ったきっかけは、ネットの掲示板に書かれたポジティブな内容だった。「ヒアルロン酸は半年で体内に吸収される」という説明がひとり歩きして安心感を与えていたところがあり、彼女も「失敗しても半年で元に戻る」と考えていたようだ。

人々は掲示板やブログで、ヒアルロン酸の自己注射の安全性と価格の安さについて述べ合っていたが、結局その議論はまったく信憑性《しんぴょうせい》のないものだったのである。どこかで聞きかじったことや自分の願望を述べるだけの、発言に責任ない人々の雑談を信じてヒアルロン酸を自己注射した女性は、最終的に「後悔している」と嘆いたという。

これを「集合愚」と呼ばずしてなんと呼ぼう。まったく価値のない、いや、マイナスしかもたらさない文章を書いた人が多数いたことが、この悲劇を生んだのである。

ネットの声に頼るとロクなことにならない

集合愚といえば、私は、ネットの良い点であるとされる「投票機能」「みんなの意見」のすばらしさを信じ込んでいる人を見ると、少し複雑な気持ちになる。

企業は「ネット投票でいちばん人気だったラーメンを実際に商品化した」などと、いかにもWeb2・0時代を先取りした商品開発です！　と誇らしげにその成果を語るが、みんなの意見を取り入れてもロクなことはない。

古くは2001年、米TIME誌の年末恒例「Person of the Year」のネット投票時期に、タレントの田代まさしが風呂場覗きと覚醒剤所持で逮捕された。2ちゃんねるでは田代が大いに話題になっており、その余勢をかって、田代を「Person of the Year」1位にしようとする運動が2ちゃんねるで発生した。

手動で何度も投票する者や、のちに「田代砲」と呼ばれることとなる自動投票ツールの使用により、米同時多発テロの首謀者であるとされるオサマ・ビン・ラディンに約2倍の差をつけて、票の上では田代まさしが「Person of the Year」に輝いたのである。

だが、同誌は不正な組織票があったとして投票を中断、テロ後のニューヨーク市で指導力を発揮したルドルフ・ジュリアーニ市長（当時）を「Person of the Year」に選出した。

その後も、２０００年シーズン終了後にヤクルトスワローズから中日ドラゴンズにフリーエージェント制度を使って高額年俸で移籍するも、故障のため2年以上一軍登板機会のなかった川崎憲次郎投手を晒し者にすべく、２００３年4月、２ちゃんねるに「川崎憲次郎をオールスターファン投票1位にしよう」と題されたスレッドが立ち、結果的に川崎は91万１３２８票を獲得。２位の井川慶（86万３４６０票）、３位の川上憲伸（54万５５３９票）を抑え、投手部門で1位となった。

だが、川崎は、「オールスターは今シーズンの実績を残している選手の出る場所であり、辞退しました」と球団を通じてコメントを発表した。

その他にも、２００４年にプロ野球加入を目指したライブドアが球団名をネットで募集したところ、「仙台ジェンキンス」「（　゜∀゜）彡　おっぱい！おっぱい！」「阪神タイガース」「ホリえもん　ふる太と鉄人兵団」「仙台・オブ・ジョイトイ」などふざけた名前や、当時プロ野球加入を目指すライバルだった「楽天」が挙げられるなどしたため、ライブドアはランキングの経過発表を停止した。

２００６年12月20日から２００７年２月28日まで、漫画『ゲゲゲの鬼太郎』作者の水木しげる氏の出身地で、「水木しげる記念館」のある鳥取県の境港市観光協会が、公式ホームページ上で漫画『ゲゲゲの鬼太郎』に登場する妖怪の人気投票を行った。

投票では、1人1回、最大3票を自分の好きな妖怪に投票することができ、それにコメントを付けることもできるようになっていた。結果は1位が「一反木綿《いったんもめん》」、2位は「目玉おやじ」、3位は「水木しげる先生」、4位は「鬼太郎」、5位が「ぬりかべ」となった。

だが、公表されていたランキング経過を見てみると、一時期、ムーミンやガチャピン、ドロンパ、アンパンマンといった、明らかにゲゲゲの鬼太郎に登場していないキャラも多く投票されたのだ。

さらに、織田無道やらテリー伊藤といった実在する人物まで投票された。この途中経過は1月上旬には削除されたが、それまでダントツでトップに君臨し続けていたのが、歌手の美輪明宏だったのである。

この珍事を受け、公式ホームページの上部には、「水木しげる先生以外の個人名などは投票しないでね！　投票された妖怪名・コメントなどはこちらの判断にて、削除させていただくことがあります」との注意書きが書かれ、美輪明宏らへの投票は「なかったこと」にされた。

「ネットの声で開発！」「みんなの声で○○を選ぼう！」は、たしかに2000年代前半にはＰＲ効果もあったうえに、先端的イメージを植えつけられたため、有用だったかもしれない。だが、今となっては、ネットの声に頼るとバカな声ばかり集まることに多くの人が気づいている。

『「みんなの意見」は案外正しい』（ジェームズ・スロウィッキー著／角川書店）というアメリカのベストセラー本が翻訳されたが、日本のネット界ではこれは必ずしも当てはまるわけではないようだ。

なんせ、暇人が悪ふざけできる材料を日々探していて、「みんなの意見」を真面目に聞こうとする人々を愚弄《ぐろう》する行為を行うのだから、正しい意見などをそこに求めないほうが賢明だろう。

結局、自分のところにいる従業員を信じ、彼らの発想やひらめきにこそ期待をすべきではないだろうか。

第3章　ネットで流行るのは結局「テレビネタ」

テレビの時代は本当に終わったのか？

最近、「テレビは終わった」と言われる。

ネットでは、「テレビなんてもう見ていない」「私のまわりでテレビを見ている人はいない」などと書く人も多い。

テレビ局社員は「売り上げ減少で厳しい」と悲鳴をあげ、企業の宣伝部員は「テレビが効かない」と嘆く。広告代理店の人は「テレビとネットを連動させて効果を高める方法ってない？」と悩むし、『テレビCM崩壊』（ジョセフ・ジャフィ著／翔泳社）がヒットしたりする現状を考えると、やっぱりテレビは終わったのかな、これからはネットの時代なのかな、と思ってしまう。

だが、少なくとも日本の場合、結局はこれが真実だ。

・最強メディアは地上波テレビ。彼らが最強である時代はしばらく続く

視聴率を見れば一目瞭然《りょうぜん》だ。２００８年大晦日のゴールデンタイム、視聴率は合計75％を超えているのである。

放送ジャーナリストのばばこういち氏が、東京都消費生活総合センターのサイトに寄せた「テレビと視聴率」という原稿によると、視聴率1％あたり、70万人が見ている計算になるという。とすると、75％では5250万人である。また、通常のゴールデンタイムの場合、合計55～60％程度はあるため、これでも3850万～4200万人である。

『そんなんじゃクチコミしないよ。』の著者・河野武氏は、同書の「テレビCMは本当に崩壊したのか」という項で、

「最近、『テレビCMが効かなくなった』という声がメディアで叫ばれています。しかしぼくはそれを大きな誤解だと思っています。はっきり言えば、テレビCMは昔から見られていないし、同時に昔からある程度は見られている。つまり、別にここ十年で変わってないのです。一方で変わったのはインターネット環境です。一千万人規模の人がブログで自らの声を発信し始めた。そのうちの何人かがブログで『テレビなんて見ない』と書き、それまでマスコミや広告代理店に届かなかった声が聞こえてしまったために慌てているというのが実情だと見ています」

と書いている。

私もこれには同感だ。もちろん、かつてより影響力が低下しているのはわかるが、今でも

大手広告代理店と大企業をクライアントとしたプロモーションの打ち合わせをすると、企画の中核はテレビにあり、そこにイベントやネットをいかに紐《ひも》付けるか、という話になる。この状況は、5年前とさほど変わっていない。

変わったのは、営業やプランナーがふつうに「バイラルマーケティング」や「バズマーケティング」「ブロガーイベント」などと言うようになったことくらいだ。

もし大企業が「宣伝費をテレビからネットへ大々的にシフトする」という方針を打ち出し、私が広告代理店側の人間として提案を求められたのだとすれば、「ネットとテレビは完全に連動しているから、テレビでどうやって御社が取り上げられるかをまず考えたほうがいい。そのほうがネットでよく広がる」と提案するだろう。

その根拠のひとつは、多くのニュースサイトでPVの上位にくる記事は、テレビ番組やテレビ出演者に関連したものだらけだからだ。たとえば、2009年3月17日付、ライブドアニュースの総合トップ10は以下のようになっている。ちなみにこの日は、野球の世界大会WBCで日本がキューバに勝利した翌日である。

1位　たけし激怒!?　NHKが「たけし×麻生」対談を直前回避

2位　日本テレビのバタバタ
3位　誰に注目？　有名人も走る「東京マラソン」
4位　【社説】あるＨＩＶ感染者の恐ろしい「社会報復劇」
5位　ベッキー「ブログに書くほどでもない」発言に爆笑問題がっかり
6位　この人物のオモテとウラ　冨永愛『♪離婚するって本当ですか？』
7位　【試合結果】日本、6－0でキューバに快勝！
8位　アナリストが侍ジャパンを分析「ダルビッシュはメジャーでもエース」
9位　ソフトバンク「多村」あんたが言っちゃオシマイだ
10位　【ワイドショー通信簿】「ＷＢＣ」キューバに完勝　小倉が「いいね」と評価した点

テレビと関係のないネタは4位のみである。かといって、ライブドアニュースにとりわけテレビ関連のネタが多いというわけではない。それは他のニュースサイトでも同様である。

そして、私の編集した記事で２００７年のＰＶトップ記事は、「ドリカム吉田美和の夫の死因『胚細胞腫瘍』とはどんな病気？」で、２００８年は「矢口真里がすっぴん顔を披露」であった。

さらに、記事のコメント欄を見ていると、「テレビで見た」という声が実に多い。

通常の5倍の大きさのメロンパンを紹介したところ、「ゴールデンタイムの番組でこれより大きい8個分のメロンパンを放送したばっかりだが……。記者の情報量の薄さに驚いた」といったコメントがついた。「ニボシをあげ続けたらザリガニが青くなった」に対しては、「こんなものはかなり昔にテレビでやっていた。遅い」で、「マヨネーズがチャーハンをおいしくする」には、「昔見たテレビでは、油の代わりにマヨを使うというやり方を紹介していた」などと、記事の内容に対し、「テレビで見た」「テレビではこうやってたよ」などと書き込む人が多いのだ。

その一方、これまでにほぼ見たことが皆無なのが、「雑誌で見た」「新聞で見た」である。

ブログでもテレビネタは大人気

また、ブログ上でどんなキーワードが多く書かれているかを示す「ヤフーブログ検索」というサイトでは、毎日のトップ10が挙げられているが、2008年12月12日の場合はこんな順番である。

1位「ドラクエ9」、2位「3億円事件」、3位「長谷川京子」、4位「石油情報センター」、

5位「公務員のボーナス」、6位「玉木宏」、7位「野村忠宏」、8位「カーリー」、9位「日研総業」、10位「TVガイド」。

1位は、ドラゴンクエスト発売が3月28日に発売されることがニュースになったためだ（その後、7月11日に発売延期）。2位は、3億円事件を題材とした特番の告知がフジテレビ系で頻繁に流れていたから。3位は、女優・長谷川京子の結婚・妊娠が発表されたから。4位は、同センターが10日にガソリン価格を発表したニュースが出たため。5位は、不況のおり、公務員のボーナスに関する話題がしきりとテレビのニュースで流れたため。6位は、俳優・玉木宏が男の主役・千秋真一を演じる『のだめカンタービレ THE MOVIE』の制作発表があったため。7位は、断言はできないが、12月10日が柔道五輪三大会連続金メダリスト・野村忠宏の誕生日だったことが影響している可能性も。8位は不明、9位は、内定取り消しのニュースで大きく取り上げられたため、その代表企業として。10位は、ふだんから取り上げられることが多いものの、発売日だったためだ。

２００９年1月3日は、箱根駅伝で東洋大学が優勝した日だが、同様にブログで話題のキーワードがわかるサイト「kizasi.jp」のトップ10では、箱根駅伝関連のキーワードが5つ入り、他にも『めちゃ×2イケてるッ！』（フジテレビ系）特番に登場したキャラ「オカ神」、ニュースで多数報じられた「派遣村のために厚生労働省の講堂開放」、お笑い番組「ザ・ドリームマッチ09」と、８つもテレビ関連のネタが入った。

残りのふたつは「三が日」関連ネタである。

また、検索エンジンの「キーワードランキング」やブログ検索等で見ると、毎週月曜日の夜０時以降に増えていたキーワードがある。それは、「あいのり」だ。

「あいのり」とは、毎週月曜日の23時からフジテレビ系でオンエアされていた恋愛観察バラエティ番組（7人の男女が海外を旅し、恋愛に発展させる）なのだが、これが驚くほど多数検索されたり、ブログで書かれたりする。その理由は、番組に登場する一般人がいったいどんな人物で、過去の番組ではどのようなことをやっていたのか、など、知りたいこと・書きたいことが満載だからである。

２００９年１月17日、３月をもって同番組が終了することが報じられた直後、ブログに書き込む人が殺到。過去に私が編集した「あいのり」関連記事のＰＶも急増し、さらには、「あいのり」というキーワードでサイトを訪問する人が数千件出た。そして、番組で人気だった積極的な行動を取る女性「やまじ」が帰国後に開始したブログは、強豪並み居るアメーバブログの「芸能人ランキング」で辻希美に続く2位となった。

なんだかんだ言っても、テレビはかなり見られているのである。

王道は「テレビで見た→ネットで検索＆書き込み」

２００９年１月24日、ＴＢＳアナウンサーの小林麻耶が出演する番組でフリー宣言をし、その旨がヤフートピックスに掲載された。すると、ＴＢＳ人気ナンバーワンアナだけに、ＴＢＳのサイト内にある小林アナのブログにアクセスが殺到し、サイトが見られなくなった。この状態は翌25日昼まで延々続くほどだった。藤原紀香と陣内智則の離婚報道時は、紀香のホームページにはなかなかアクセスできなかった。

「テレビの人気者のデカいニュースがヤフートピックスに出る」→「関連したサイトへ飛ぶ！」→「そのサイトが見られなくなる」はしばしば発生する。今後も、人気女子アナのフリー宣言や大物芸能人の結婚、離婚などがあれば、同様の現象は起こることだろう。

こういった流れは明確である。ニュースサイトの編集者をしている関係で、私はよく「何をいちばんの情報源にしていますか？」と聞かれるが、そこで答えるのは「テレビ」だ。

私は毎朝６時30分に起き、『ズームイン!! SUPER』（日本テレビ系）、『みのもんたの朝ズバッ！』（ＴＢＳ系）、『めざましテレビ』（フジテレビ系）、『やじうまプラス』（テレビ朝日系）を、8時からは『スッキリ!!』（日本テレビ系）、『とくダネ！』（フジテレビ系）、『スーパーモーニング』（テレビ朝日系）の計7番組を、ザッピングしながら9時まで見続ける。テレビを見ることによって、その日どんなキーワードや話題がネットで関心を持たれるかがすぐにわかるからである。そのキーワードや話題に合わせて記事をアップすれば、間違いなくPVは高くなる。

その一方で参考にしないのは雑誌だ。雑誌で何が流行ろうと、ネットに対して影響はない。女性誌「アンアン」の「好きな男・嫌いな男」のように、テレビもネットも巻き込むほど影響力のある企画は別だが、ネットの人々は週刊文春の人気連載コラムに何が書かれていたかや、週刊新潮の「黒い報告書」がどれほどエロかったかなどは話題にしない。

週刊誌編集部が総力を挙げて取った一大スクープでさえ、話題になりづらい。なぜなら、雑誌はお金を払わなくては読めず、さらにコピー&ペーストができないからだ。

その点、テレビやネットに流れるニュースはすぐに2ちゃんねるの「ニュー速」（ニュース速報板）で取り上げられるし、ヤフートピックスによって万人の知るところとなる。そして、テレビのネタに関しても、「沢尻が『べつに…』とか言ったらしいけど、すげー感じ悪い」などと、見て感じたものを脊髄反射ですぐにネットに書くことができる。多くの人がテレビで見ているだけに、各所で「沢尻感じ悪い」などと言う人が大量に出てくる。

一方、雑誌に出ただけの記事（ウェブ版に掲載された記事は除く）は、テレビのネタと比べて知っている人が圧倒的に少ないだけに、ネットに書き込む人が少なく、盛り上がる話題となりにくいのだ。

このように、テレビで見たものを検索し、そこにヒットしたサイトがクリックされるという流れが現在できている以上、私は「テレビ最強説」を唱えたうえで、テレビのコバンザメとなって、サイトで発信する情報を決めていくつもりである。

コピペできない雑誌・新聞はネットにさほど影響ナシ

もう少し、テレビとネットの関係について見てみよう。

私は第1章で、インターネットは暇人のためのメディアだと説明したが、これは地上波テレビのユーザーとかぶる。

両方に共通するのは、テレビは受信料、ネットはプロバイダとの契約料さえ払えば、あとはどれだけ見ようが無料な点だ。雑誌・新聞は、見ようと思ったらその度に買わなくてはならない。

よって、雑誌・新聞ユーザーとテレビ・ネットヘビーユーザーはかぶらないのである。これが顕著に表れたのが、「週刊誌による五輪選手実父暴露記事」である。

2008年8月に、ある週刊誌が北京五輪に出場予定だった選手の出生の裏側を取材した記事を出した。この号は私も読んでいたが、発売当日、ネットでこの件はほとんど触れられていなかった。

だが、同誌発売翌日、この記事を執筆したライターが、自身のブログで取材秘話を紹介。実父とされる人物（Aさん）の新しい家庭に乗り込み、「○○さん（選手名）の実のお父さんがAさんだということなので、別々に暮らしてはいるものの、（中略）父親としてエールを送るようなお言葉を聞けたらと思い、お伺いしたのですけど」などと、Aさんの再婚相手の女性に質問をしたことなどを明らかにしたことで、ネットでは「祭り」（多くの人がそのテーマに関して発言したり、スレッドが乱立すること）が開始された。

Aさんの再婚相手が、「私も今お伺いした事柄を主人に話すつもりはありません。今まで通り静かに暮らしていきたいので、そっとしておいていただけないでしょうか?」と言ったことまでブログには書かれていた。

ネットでしきりと引用されたのは、週刊誌の記事内容ではなく、ライターのブログに書かれた「取材裏話」的な内容であった。そしてライターは、「平和な家族をなぜ乱す。しかも五輪前の大切な時期に」「そっとしておいてくださいと言われているのになぜ書くか」などと批判された。

［メディア別ユーザー像］

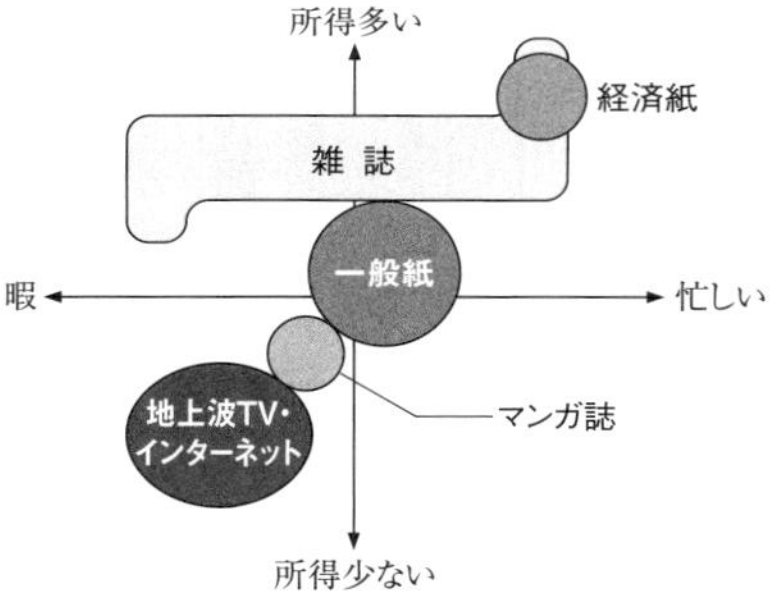

その後、同選手は故障を理由に五輪を辞退。これもあり、このライターは「お前が辞退に追い込んだ」などと大バッシングをくらった。

このライターはネットにはそぐわぬ迂闊《うかつ》なことを書いたため、みすみすコピー&ペーストをされ、リンクを貼られ、そのうえで大批判を浴び、結果、ブログを閉鎖したのである。

記事自体も、選手自身が読んだら動揺することを踏まえれば、ホメられたものではなかったかもしれない。何の宣伝目的かはわからないが、プロの物書きは、ブログで炎上の可能性のあることを書くべきではないのだ。雑誌でキツいことを書いたのであれば、そこに引きこもっておくべきである。雑誌のネタはそう簡単には広がらない。

さらに、ネット住民からすればひどすぎる行為を行ったこのライターが、「エールを送るようなお言葉を聞けたらと思い、お伺いしたのですけど」と、突撃取材を正当化したこともバッシングの対象となった。

雑誌や新聞のネタは、ネットやテレビで紹介されなければ話題にもなりづらい。なぜなら、くり返すように、ネットに頻繁に書き込むヘビーユーザーはテレビは見ても、わざわざカネを払ってまで雑誌や新聞は買わないからだ。そして、雑誌や新聞を買ってまで貴重な情報を得ようとする忙しい人は、そのネタをわざわざ親切にネットに書き込むようなことはしない。

だから、記事をネットにほとんど公開しない雑誌と、ネットに掲載されなかった新聞のネタは、なかなかネットで話題になりにくいのである。

バナナ、ココア、納豆、寒天……結局、テレビがブームを作る

話題になるかどうかといえば、過去のブームを考えてみても、テレビの影響力は明らかである。

たとえば、これまでにテレビがきっかけでスーパーの棚から商品が消えた例としては、「ココア」「納豆」「白インゲンマメ」「寒天」などがある。これらはいずれも、テレビの情報番組や健康情報番組で「やせる」と紹介されては消費者が殺到し、品切れになるもので、この現象は数年に一回、もはや日本の伝統行事のように脈々と続いている。

２００８年、テレビの影響で店頭から消えたものは「バナナ」である。

もともと、ミクシィのダイエット関連コミュニティで「朝バナナダイエット」が人気となっており、その内容が２００８年春に書籍化されてはいたものの、バナナを品薄にするほどの状態にしたきっかけはやはりテレビだ。

オペラ歌手の森公美子が、朝にバナナを食べることにより6・9キロやせたと２００８年9月19日にオンエアされたバラエティ番組『ドリーム・プレス社』（ＴＢＳ系）で発表。これがきっかけで、各地でバナナが売り切れるようになった。

オンエア直後、個人のブログでは、「昨日ＴＢＳの『ドリームプレス社』見た人はいるかな?-?-? 『朝バナナダイエット』でバナナは代謝を上げてくれるって言ってたんだけど～! で……勿論夕方のスーパーではキレイさっぱり、安い物だけでなく、お高いバナナですら売り切れ～!-」と書いた人に、コメント欄では「ドリームプレス社見たよ～～(*^_^*)

っていうか録画してる（笑）」と返事をするなど、ネットでこの話題は大いに盛り上がった。

かつて全国のスーパーでは、テレビの影響力を鑑み、みのもんたが司会をしていた昼の主婦向け情報番組『午後は○○おもいッきりテレビ』（日本テレビ系）でどの食材が取り上げられるかを事前に流しておき、販売に対応するようにしていたという。あくまでも当時、私が在籍していた広告代理店の博報堂で語られていた噂だが。

また、博報堂の会議では、ことあるごとに「みのもんたが紹介してくれないかなぁ」「あるある大事典が取り上げてくれないかなぁ」「王様のブランチが紹介してくれないかなぁ」などと、テレビがもたらす波及効果を期待していた。

このように、「○○で私はやせた！」「このスイーツがおいしい！」とやれば客が殺到し、品切れとなる状態を作れるのは、地上波テレビしかない。

また、私は過去に業務でとある海外発のアパレルブランドを『王様のブランチ』（TBS系）の一コーナー「女王様のお買物」で紹介してもらったことがある。この日、店では電話が鳴りやまず、朝から晩までひっきりなしに客がきて、担当者が「いやぁ、テレビってホントすごいですね！　ここまですごいとは思いませんでした！」と悲鳴をあげたほどだった。

ネットでここまでの現象はあっただろうか？　ヤフートピックスで紹介されて、「サーバーが落ちた」ことは頻繁にあるだろうが、リアル世界への波及としては、せいぜい「ネットで評判の東京下町のホルモン焼き屋が連日行列になっている」程度ではないだろうか。

テレビのすさまじい点は、世帯普及率が100%に近い点と、放送作家がきちんとついていて説得力がありそうな構成にしている点と、それを芸能人に言わせる点である。

『あるある大事典Ⅱ』における納豆捏造《ねつぞう》事件で、テレビに対する信用は失墜したかと思われたが、あれからわずか1年8カ月後、またもや「朝バナナダイエット」で人々は踊らされた。

そして、テレビに踊らされた人々がスーパーへ走り、ブログで「バナナがダイエットにいいらしいので、買っちゃった(〃^▽^)ゞテヘ」などと書き、それに対し、「私は買えなかった(T△T)」「あきちゃんさん、可哀想、大丈夫～! また入荷するよ/(*^0^)bがんばっ♪」などといかにもやっていそうである。

芸能人の「テレビ人格」を疑わない素直な人々

ところで、『あるある大事典Ⅱ』の件では、テレビでの良いイメージがいかに芸能人の好意形成に寄与しているかを示す出来事が発生した。

同番組に出演していたタレントの志村けんが、捏造発覚直後の2007年1月23日に、自身のブログで「残念です」とのタイトルでブログを執筆。

「今回あるある大事典の件で各方面に迷惑掛けてしまいすいませんでした　今日新聞で番組打ち切りを知りました　正式にはまだ本人には何も聞かされていません　私らはスタッフの作った台本に沿って番組を進行しているので　こんなことになるとは　逆にスタッフに裏切られた感じです　視聴率欲しさに捏造はいけませんね　これからは本業のコント、笑いを一生懸命やって行きます」と謝罪をしつつも、あくまでも自分は一出演者であり、捏造とは無関係であることを強調した。

これに対し、2408件のコメントが寄せられた。ごく一部に苦言はあったものの、ブログ運営者によりコメントが管理されていることもあり、ほとんどは「志村さんは悪くありません!」「これからも頑張ってください」「応援しています」といった論調のコメントである。

ネットの一部では、「自分も作り手の一人だという意識が全くないな」「志村が『納豆はいいですね』と言ったのを『志村が言うなら信じよう』と真に受けたのもたくさんいる事も忘れずに」など、志村の当事者意識の欠落を非難する声も出ていた。

私はこちらの反応のほうが正常だと思うし、志村の「台本に沿って」「裏切られた」というコメントは不要だったと思う。これらのことばがあったからこそ、一部で非難が寄せられたのだろう。

だが、擁護《ようご》した人があそこまで多かったということは、「人気者でおもしろくて優しい志村さんが困っている、かわいそう！」「それにしてもスタッフはあんなにステキな志村さんを騙すなんてひどい！」と、「テレビ人格」こそすべてだと考える単純すぎる人々がいかに多いかということの証左《しようさ》とも言えよう。

また、「3の倍数でヘンになる」ネタで2008年に大ブレイクしたお笑い芸人・世界のナベアツは「ジャリズム」というお笑いコンビを組んでいるが、その相方はさほどテレビに出ておらず、ナベアツがピン芸人として圧倒的人気を誇っている。

そんな相方が、週刊誌からスキャンダルを報じられたときのことだ。その記事では大物芸人も名指しされ、ナベアツの大ブレイク直後だっただけに、いくら雑誌とネットの親和性が低いとはいえ、さすがにこのネタはネットに広がった。

すると、相方のブログが3000件を超えるコメントで大炎上したのだ。

そのなかで多かった批判は、「ナベアツの足を引っ張るな」である。相方の人格はさほど人々から知られていないため、おもしろくて大好きなナベアツの邪魔をするひどい人間だと思われたのだろう。

これも、「テレビ人格」が大きく人々の感情を左右することを端的に表した炎上騒動だった。

もし、相方がテレビでもっと知られていたら、「ナベアツの足を引っ張るな」といったコメントはこれほどまで出なかったはずだ。「そんなスキャンダル報道なんてウソだと思います」「雑誌は本当にひどいですね」などのコメントで埋め尽くされていたことだろう。

テレビの言うことと芸能人の「テレビ人格」を鵜呑《うの》みにする、人を疑うことを知らない人々が、芸能人が「これで5キロやせたんです!」などとテレビで言ったら、そのことばを信じてスーパーの棚からその「何か」を売り切れにさせるのだろう。

そしてブログに「売り切れだった(ﾉД`)あ〜ん」などと書くのだ。

「ネットでブーム!」なんてこんなもの

このように、テレビはすごいのである。とはいえ、マーケティングの専門家などはテレビの影響力低下を論じ、ネットの影響力をすさまじいものだと考えているかもしれない。

だが、ネットで流行っていることはあくまでもニッチである――そう私が感じたのは、2008年の正月、父方の実家に一族が集まったときのことだ。

その一族の集まりには、祖母（93歳）、そして長男（70歳）を筆頭として、下を55歳までとする「父母・おじ・おば」の代10名、その下の「いとことその配偶者」15名（25〜41歳）、さらにその下の「いとこの子どもたち」3名（7〜9歳）がいて、総勢29名だった。一族の居住地は東京と千葉と名古屋である。

その席上、「あんたはどんな仕事をやってるのだ?」と全員の前でひとりの伯父が私に聞いたため、「ニュースサイトの編集者をやっている」と答えたところ、「それは新聞と何が違うのだ?」と言われた。

そこで私は、「新聞と基本的には同じだけど、インターネットで起こっている事件とか、そこで話題になっていることも伝える」と答えたのだが、たぶん私が言っていることを理解できたのは28人中10人程度だったと思う。

そこで、東大を出て、インテリを自認している伯父が、「最近インターネットでどんな事件があったのさ?」と聞いてきたので、私は、「2007年のネット流行語大賞では、『アサヒる』が金賞を取って、銀賞が『スイーツ(笑)』だったこととか、ネットの世界の重大事を記事にするんだ」と説明した。だが、誰もわからないのである。

「アサヒる」とは、2007年、安倍晋三総理（当時）の退任直後の朝日新聞によるコラムがきっかけで生まれた言葉である。同コラムには、「責任感なしで放り出す」という意味で『アベする』ということばが聞かれるようになった」といったことが書かれていた。これに対して、「そんなことばはない」と2ちゃんねるの「ニュー速民」（「ニュース速報板」に書き込む人々）を中心に騒がれ、「捏造」を意味する「アサヒる」ということばが生み出された。

そして結果的に、「アサヒる」はその年の「ネット流行語大賞」を獲得した。

また、「スイーツ(笑)」とは、「デザート」のことを「スイーツ」と呼ぶ、女性誌を中心としたメディアに流される女性を揶揄することばである。

話を戻すと、私が一族の前で「アサヒる」について説明したところ、彼らは「なんで『朝《あさ》昼《ひる》』なんてことばが流行るんだ?」とポカンとした。説明が長くなりそうで面倒くさかったので、私は続いて2007年のネット界における一大事件であり、かつ簡単に説明ができる「テラ豚丼」事件について話した。

これはネットの各所で取り上げられ、モラルが欠如したその行為を糾弾する人が殺到し、実行者の特定と処分へ追い込むことに多くの人が頑張った事件のことである。

私は28人の前でこう説明した。

「牛丼の吉野家のバイト店員が、『メガブーム』に対抗して、『テラ豚丼』という超山盛りの豚丼を悪フザケで作った動画をネットにアップしたことに対して、ネット上で非難囂々《ごうごう》になったんだよ。そして、吉野家にクレームつけるヤツが殺到して、結果、吉野家は謝罪をしたり、そのいたずらをした店員を特定して処分するまでの事態に至ったんだ」

と言うものの、「それって何?」「聞いたことがない」という反応だらけだった。インテリの伯父だけは、「『テラ』というのは『メガ』とか『ギガ』の上の単位の『テラ』のことか?」と正確に言ったものの、見事に私を除く28人中28人が「テラ豚丼騒動」を知らなかったのである。

たぶん「動画をアップ」ということばさえ知らないだろうし、「ネットで非難囂々」がいったいどのような状態を指すのかさえ、彼らはわかっていなかったはずだ。彼らはネットをヘビーに見ることはしないが、「PC・ケータイでメールを打つ」「ケータイでミクシィをやっている」ところまではふつうにやっていたようだ。

その一方、彼らのほとんどは沢尻エリカの「べつに……」や、2007年の「ユーキャン新語・流行語大賞」のトップテンに入った小島よしおの「そんなの関係ねぇ」は知っていた。

その理由は、「テレビで何度も流れた」「なんか沢尻エリカって人が涙流しながらインタビューを受けているのをテレビで見た」「子どもがテレビで小島よしおを見て、それをマネしている」というものだった。

「テラ豚丼」はたしかに新聞・テレビで報じられはしたものの、アルバイト店員の単なる悪ふざけであり、社会的に見れば大した事件ではなかった。ネットの暇人が中期間にわたっていじめるにはうってつけのネタだったかもしれないが、貴重な電波や紙面を大量に使うほどの価値はない一発屋的なネタだったため、テレビや新聞で何度も報じられることはなかった。だが、私は最初からテラ豚丼騒動を見ていたし、「ネットで流行っている」ということでかなり注目していた以上、詳しくなっていた。ここに、「ネットで流行っている」ということがいかにマイナーかを思い知らされたのである。

自分がふだんつきあっているネット関連の人は、全員が「アサヒる」「スイーツ(笑)」「テラ豚丼」を知っている。だが、ネット関連企業ではない職種の人々で「アサヒる」「スイーツ(笑)」「テラ豚丼」すべてを知っている人は少なく、2007年に「ネットでもっとも流行った」ことばとされる「アサヒる」を詳しく説明できる人はほぼ皆無だった。

毎年、「ユーキャン新語・流行語大賞」が決定すると、2ちゃんねるでは「こんなことば流行ったか?」「電通の意図を感じる」などといった懐疑的なことばが出るが、「ネット流行語大賞」に選ばれることばは世間はおろか、ネットのヘビーユーザー以外は知らないことばであり、彼らが批判する「ユーキャン 新語・流行語大賞」以上に納得しづらいものなのである。

オレたち、ネットヘビーユーザーの常識は世間といかに乖離《かいり》しているのか！

学生時代の友人でメーカーや銀行へ行った人々と飲むと、完全にネットオタク扱いされてしまうのである。

また、ときどき企業の広報担当者を受講者とする講座の講師をすることがあるが、多くのネットヘビーユーザーが見ているサイト「2NN」（2ちゃんねるのニュース速報板等で今、どんな話題が活発に語られているかがわかるサイト）を知っている人は、常に50人中1〜2人である。

スターはテレビからしか生まれない

さて、ネットで流行っているネタがいかに一般社会ではマイナーかを見てきたが、しかし、よくよく考えてみると、テレビ以外から生まれたスターなんているのだろうか？

宝塚や歌舞伎のような伝統芸能にはもちろん、テレビとは無関係のスターは多いが、一般的な認知度を獲得するにはやはりテレビ出演、それもNHKかキー局の番組出演を経る必要がある。それは、路上ライブ出身のミュージシャンや、ライブ会場で人気のお笑い芸人であってもそうだ。

ネット発のスターといえば、どうしても初音《はつね》ミクのようなアニメキャラクターや、八戸市の「美人過ぎる市議」藤川優里市議や、台湾の「爆乳中尉」が連想される。そして、スターというより、単にネットを騒然とさせたのは、「ブスドル」「前衛的ルックス」と人気になったIカップ女子高生の小田切まいや、コスプレキックボクサーの長島☆自演乙《じえんおつ》☆雄一郎、秋葉原の歩行者天国でパンツを露出させて逮捕されたアイドルの沢本あすかなどであるが、テレビで今後大ブレイクするというよりは、どこか突っ込みどころがあり、ネットでの雑談の話題として向いている人がウケていると言えよう。

そして、彼らがテレビで紹介されるときは必ず、「ネットで人気の……」という決してテレビ文脈では好意的ではない形容詞がついてしまう。

前出の長島☆自演乙☆雄一郎は、アニメキャラクターのコスプレで入場する選手だが、単なる「キワモノ」ではない。K−1MAXにも出場する実力派である。

そんな自演乙を、アメーバブログの「芸能人ブログ」ランキング1位にしようとする運動が2008年11月下旬に2ちゃんねるではじまったが、結局、14位までしか上げることができず、2009年1月、ランキングは263位まで下がった。

また、「政府転覆」を掲げて2007年の都知事選に立候補し、政見放送では「最後に一応言っておく。私が当選したらヤツラはビビる！　私もビビる」と演説をし、ユーチューブやニコニコ動画、2ちゃんねるで大人気となった外山恒一という人物がいる。ネットでは外山氏を応援する声多数で、5万票程度はいくのでは？　との予測もあった。

だが、蓋を開けてみると全体の8位、1万5059票だった。一方で近年それほど活発に芸能活動はしていなかったものの、かつて漫才コンビ「アゴ&キンゾー」で人気だったテレビタレントの桜金造は6位、6万9526票を獲得していた。

また、お笑いタレントのそのまんま東（東国原英夫）は2007年1月の宮崎県知事選で圧勝し、『行列のできる法律相談所』（日本テレビ系）レギュラーで『24時間テレビ』（日本テレビ系）のマラソンランナーも務めた丸山和也弁護士は2007年7月の参議院選挙に比例区に出馬して勝利、同番組のレギュラーだった橋下徹弁護士も大阪府知事選で圧勝し、2009年3月の千葉県知事選では俳優の森田健作が圧勝したが、これらはテレビにおける圧倒的な知名度がベースにあったことは間違いない。

結局、長島☆自演乙☆雄一郎と外山恒一氏は、ネット住民から「ネットの星」「オタクの希望」などと担ぎ上げられたものの、テレビの世界で知名度を獲得した人の壁はあまりに高かったということだ。

「アサヒる」や「テラ豚丼」と同様に、やはりネットで話題になったものは、テレビという装置を使わなくては一般的な認知度を得ることはできないのである。

ネットはさほどテレビを敵視していない

このように見てくると、なぜここまでネットが過大評価され、テレビの時代が終焉《しゅうえん》したと多くの人が思っているのかが、ネット漬け生活をしている私にはよく理解できない。

テレビとネットの大きな違いは、テレビの収益の根幹にある視聴率が有限なのに対し、ネットの収益の根拠となっているPVがほぼ無限であることだ。だから、多少はライバルサイトからPVを取られたといっても、運営者は自分のサイトの改善だけを考えればよく、ライバルをいかに蹴《け》落とすか、潰すか、ということを考える必要はない。むしろ、相互リンクを貼ったり、コンテンツ提供を受けるなどして、トラフィックを互いに増やすといった提携に目を向けたがる。

ネットの世界では、「コンテンツ増＝PV増」と解釈されるため、業界内で人々は意外に仲がいい。『あるある大事典Ⅱ』に見られる捏造騒動や、格闘技中継で不評の「このあとゴング！」と延々興味を引き続けようとすることや、過剰テロップ、「答えはCMのあとで！」に代表される「山場CM」（慶應義塾大学の榊博文教授調査によると86％が「不快」と答えた）など、なりふりかまわぬ視聴率稼ぎ・ザッピング回避技に相当するようなことはあまりない（ただし、ネットでは「タイトルで釣る」ことは多々ある）。

そして、世の中が何かひとつの話題で盛り上がっているときこそ、ネットではPV稼ぎの好機である。2008年1月の倖田來未「羊水」発言のときは、このキーワードで検索をしまくる人が続出し、この話題を掲載していたサイトには多くの人が訪れたことだろう。

続いて「山」が来たのが4月の元「モーニング娘。」加護亜依の芸能界電撃復帰である。もともとは前出のオーマイニュースに芸能リポーター・梨元勝氏によるインタビュー動画がアップされ、『スーパーモーニング』（テレビ朝日系）でもオンエアされたことにある。

2度の喫煙で解雇されたかつての国民的アイドルの復帰と、さらには「リストカットした」などと新たな「燃料」が投下されたこともあり、このときも倖田の際と同じことが発生した。

私たちはそのとき、他のニュースサイトの記事や2ちゃんねるの議論へのリンクも自分の編集した記事に貼った。他のサイトも私たちの記事をリンクしてくれ、そこから多数のアクセスがあった。リンクは「してくれた」と考えるのが、新聞社系ではないニュースサイト同士ではマナーのようなものになっている。

ここには共存共栄の考え方が多少なりともあり、それがサイト運営者同士が出会ったときに流れる、どことないのんびりとした雰囲気につながっているのかもしれない。

『笑っていいとも！』（フジテレビ系）にＴＢＳアナウンサーの安住紳一郎が登場したり、『第59回ＮＨＫ紅白歌合戦』にフジテレビアナウンサーの中村仁美が『クイズ！ヘキサゴンⅡ』発のユニット「羞恥心」「Pabo」の応援に駆けつけるだけでヤフートピックスに出て大騒ぎになるのを見ていると、私は「テレビ局の人たちもふだんからもっと仲良くすればいいのにな～」なんて呑気《のんき》な感想を持ってしまうのだ。

あと、言っておきたいのは、ネットのサービスを運営する人々は特にテレビを敵視しておらず、積極的にそのネタを取り入れようとしていることである。多くの人は、テレビのネタがそのままネットでウケることを知っているため、むしろ仲良くしたいと考えているはずだ。

かつてライブドアがフジテレビに、楽天がＴＢＳに敵対的買収を仕掛け、テレビ業界に激震が走ったが、ライブドアも楽天もテレビ局を敵と見たのではなく、単にテレビを利用すればネットがより栄えることを想像していたのではないだろうか。

現にタレントブログ隆盛の現状を見ると、ライブドアが仮にフジテレビの買収に成功していた場合、同社が運営するライブドアブログでフジテレビの番組と関連したブログを完全に握ることが可能となる。ネット業界の人々のセンスで番組関連ブログを運営すれば、相当数のPVを稼げただろうし、それはライブドアにとって相当おいしいことだっただろう。

いや、買収とまでいかずとも、両社が業務提携できていた場合は、ライブドアブログを使用することを条件にしつつも、レベニューシェア（収益分配）でフジテレビ側は喉から手が出るほど欲しいCM外収入をいくばくか獲得できていたかもしれないのだ。

だが、テレビ局側からのネットに対する拒否反応はすさまじい。いくらネットとテレビの相性が良いと説いても、そこはまったく理解してもらえない。あくまでもネットはテレビの視聴時間を減らす悪と考えられており、その鬱憤《うっぷん》を晴らすかのごとく、ネット関連の犯罪が起きると「ネット社会の闇」をことのほか強調し、ネットを悪者にしようとする。

これからも人々は大河ドラマと紅白歌合戦を見続け、「のど自慢」に出演する

私はＮＨＫの近くに事務所を構えているのだが、よく行く飲み屋ではＮＨＫ関係者がよく酒を飲んでいる。その人たちの会話が自然と耳に入ってくるが、いずれも「テレビはヤバイ状態にある」「ネットのせいだ！」の大合唱である。

ここまで言われるがゆえに、ネット業界の人々はテレビ業界の人々にやや遠慮をして近づきづらい状況にあるのだ。

さて、私は小学生の頃、自分が30歳になる頃（２００３年）には相撲も演歌も時代劇もＮＨＫのど自慢もなくなっていると思っていた。それは、周囲がこれらをダサいと思っている人々ばかりだったのと、自分もこれらをあまり好きではなかったからだ。エンタメ業界は激変すると思っていた。

しかし、私が物心ついた25年前からずっと、ビートたけし、明石家さんま、タモリ、島田紳助の人気は続いているし、２００８年のＮＨＫ紅白歌合戦の視聴率は42・１％を獲得、25年前と同様に、北島三郎、森進一、五木ひろし、石川さゆり、小林幸子が出演していた。

２００８年の大河ドラマ『篤姫』は平均視聴率24・5％を達成。過去10年の大河ドラマでは最高の視聴率を挙げた。次の大河ドラマが決定すれば、そのテーマと関連した地域では、

地域振興や観光客誘致のイベントが行われたり、原作小説がヒットしたりする。それだけ、大河ドラマはいまだに多くの人から愛され、便乗商法の立派な素材となるのである。

そして、12月に入れば『忠臣蔵』がどこかでオンエアされるし、相変わらず『水戸黄門』では由美かおるがお風呂シーンに登場するし、２００８年は磯山さやかが由美と一緒にお風呂に入り、お風呂シーンの後継者も着実に育っている。

相撲の本場所の時期や甲子園大会の時期に銀行や個人商店、銭湯へ行けば、大抵の場合、ＮＨＫの相撲と高校野球中継にチャンネルが合っている。２００９年初場所、久々に復帰した朝青龍が優勝した場所の瞬間最高視聴率は36・7％だ。また、２００９年3月に行われた野球の世界一決定戦・ＷＢＣ決勝で、イチローが決勝打を打った直後、テレビで見ていた人が大喜びのあまり2ちゃんねるに殺到、サーバーが落ちた。

そして、高校生からお年寄りまであいかわらず『ＮＨＫのど自慢』に出演する人は必ずいるし、客席では「ひろし、ファイトで歌え！」などといった横断幕が出ている風景も25年前とまったく同じ。歌っている人々のうしろでは、善良そうな他の出演者が体を揺らしたり手拍子を打って応援している。鐘がひとつしか鳴らなかったときの苦笑いとカンカンカンカーンと鳴ったときのはしゃぎっぷりも、昔ながらの見事なパッケージセットである。

結局、テレビ界はさほど変わっておらず、日本人の娯楽に対する嗜好もそこまで変わっていないのだ。

また、テレビ番組でお定まりの、芸能人が食べ歩きをしたり、クイズに興じたり、雛壇《ひなだん》でトークをしたりするのは、視聴者の「お友達感覚」を共有させる構成・演出であり、これも大昔からまったく変わっていない。

硬質なドキュメンタリーがそれほど視聴率を取れず、芸能人のドタバタ騒ぎや遊びがウケている現状を考えると、テレビ番組視聴は「お友達の活躍」を「見守っている」感覚と言えよう。

これは、スポーツニュースにも見て取れる。日本人の野球選手が米大リーグへ、サッカー選手が海外リーグへ移籍し、当地で活躍しているが、スポーツニュースでは、「松井、4打数3安打の大暴れ」「イチロー、レーザービーム披露」「シカゴでは福留にスタンディングオベーションが発生」「中村俊輔が起点となり、1点目を取った」などと日本人選手の活躍を中心に報じ、最後に「なお、試合は5－2でヤンキースが負けた」と伝えるなど、チームの勝敗はさておき、「おらが村のヒーローの活躍」をニュースの中心に据えているのだ。

ここ数年、「日本のプロ野球はつまらない。オレは大リーグばかり見ているよ」という意見が出るようになってきたが、それに対し、「本当に大リーグがおもしろいと言えるの？日本人選手が所属していないミネソタ・ツインズVS.トロント・ブルージェイズの試合を3時間見続けて、『あぁ、おもしろかった。いやぁ〜本場のプレイはやっぱすげーな』と言えるか？　本当は『日本人選手がどれだけ活躍したか』の結果映像だけを見たいんじゃないの？」と思う。

そして、この「お友達の活躍」「おらが村のヒーローの活躍」について、ネットという場所は書きやすい。なにしろ、「おもしろかった」「すごかった」という感想は皆で共有したいし、同様の感覚を持っている人がいると安心できるからである。

さらに、この手のことを書いておけば同好の士が訪れてくれてコミュニケーションが生まれる可能性があるし、人をホメておけばふつう炎上はしない。ネットの話題として、テレビが提供するコンテンツは完璧とも言える作りになっているのだ。

そして、なによりも共通しているのが、くり返すように、テレビもネットも基本的には「庶民の無料の娯楽」であるということである。視聴者層も同じで、テレビを見て感じたことはすぐにネットで吐き出すことができる。

グーグル検索でためしに「あ」や「い」だけ入れてみてほしい。そこで「検索候補」のキーワードが出てくるが、そのなかにはいくつもテレビ関連キーワードが入っている。「あ」ならば、「あいのり」や「篤姫」「相棒」が入っている。みんなテレビ番組やテレビ関連ネタを検索したいのだ。

こんなに親和性が高いにもかかわらず、ここまでテレビがネットを敵視しているのはもったいない。そろそろ、ホリエモンがかつて言っていた「テレビとネットの融合」を真面目に考えても良い時期ではないだろうか。

あの頃は「テレビとネットの融合」と言っても、「番組で紹介した商品をネット通販で買えます」「投票ができます」程度しか言えなかったが、今は検索連動型広告をPVの高いサイトに貼っておけば、広告収入を得られる時代になっている。番組の圧倒的人気を元ネタとしたサイトやブログをネットサービス運営者のセンスで展開すれば、かなりの収入を得られるかもしれない。

両者が歩み寄りを見せたとき、「テレビは終わった!」などの悲観論も弱くなることだろう。広告業界も活性化するかもしれない。なぜなら、人はけっこうテレビをまだ好きなのだから。

第４章　企業はネットに期待しすぎるな

企業がネットでうまくやるための5箇条

「ネットプロモーションの成功事例を教えてください」

そう広告代理店やPR会社の社員に聞くと、「UNIQLOCK」「トヨタ・あしたのハーモニー」「Nike Cosplay」「映画『ジャンパー』のブログパーツ配布プロモーション」「ソニーBRAVIA スーパーボール動画」「映画『ハプニング』で起こる〝異変〟をオンライン上で疑似体験できる『特別ハプニング・ブログパーツ』無料配布」「ライフカード『どうする、どうすんの、俺』続きはWebで」などが挙がってくる。

それに加え、昔からの定番「日産 Tiida ブログ」「BMWショートムービー」「メントス×ダイエットコーク」なども、「ちょっと古いですが……」の前置きとともに挙がる。

いずれも画期的なプロモーションとはいえ、社会現象を作った数々のテレビCMと比べると、いかにも小粒感は否めない。

「24時間戦えますか」(リゲイン)、「私はコレで会社を辞めました」(禁煙パイポ)、「クリスマスエクスプレス」(JR東海)、「亭主元気で留守がいい」(大日本除虫菊)、「明日があるさ」(ジョージア)、「少し愛して、長～く愛して」(サントリーレッド)、「それなりに」(富士写真フイルム)など、過去に話題を作ったCMはいくらでも挙げられる。

広告代理店やＰＲ会社の人々は、クライアントから「ネットでなんかできない?」「なんかさぁ、バーンとネットで話題になるようなことなんてできないの?」と言われるにあたり、ネットプロモーションの成功事例提出を求められることが多い。

そこで挙げるのが前述のような事例なのだが、結局はクライアントからしても、過去に他社からの提案書で見たようなものばかりになる。それだけ、誰もが納得するネットプロモーションの成功事例を見つけるのは難しいのである。

２００７年、一大ブームが来るとしきりと喧伝された仮想世界「セカンドライフ」内で記者発表や販促活動をする企業が続出した。だが、「セカンドライフで〇〇やります!」と大々的に発表してメディアが記事として紹介するも、一時的な先端的イメージを作る効果しかなく、セカンドライフでのプロモーションがきっかけで大ムーブメントが起きたり、ヒット商品が生まれることはなかった。

企業の人はネットに過度な期待を持っているようで、ネットを使えば魔法のようにクチコミが各所で起き、好意的な意見がさまざまなブログで書かれ、結果的にその話題を新聞やテレビが放っておくことなく、商品がバカ売れすると思っている。

しかし、これまでの押しつけ型マーケティングしかやったことのない人々が大企業の宣伝関連部署のトップにいるかぎり、大企業はネットを使いこなせない。「これからはWeb2・0の時代ですなぁ、ガハハ」などとそのエラい人が言ったとしても、彼らはまだWeb1・0（自社ホームページで情報を出しておくだけ）の頭から逃れられていないから、ネットの真価を発揮させられず、成功事例など作れないのだ。

ここで、ネットでうまくいくための結論を5つ述べる。これらが本章で説明する内容となる。

1. ネットとユーザーに対する**性善説・幻想・過度な期待を捨てるべき**

2. ネガティブな書き込みをスルーする**耐性が必要**

3. ネットではクリックされてナンボである。かたちだけ立派でも意味がない。そのために、**企業にはB級なネタを発信する開き直りというか割り切りが必要**

4. ネットで**ブランド構築はやりづらいことを理解する**

5. ネットでブレイクできる**商品はあくまでモノが良いものである。小手先のネットプロモーションで何とかしようとするのではなく、本来の企業活動を頑張るべき**

ブロガーイベントに参加する人はロイヤルカスタマーか？

それでは、ひとつ目から。

「ネットとユーザーに対する性善説・幻想・過度な期待を捨てるべき」だが、再三本書で書いているとおり、ネットにヘビーに書き込みをする人々は「暇人」である。

いわゆるクチコミマーケティングでは、ターゲットがそれなりのＰＶを持っているブロガーとなるが、彼らをどのような存在と捉えるかが重要になってくる。企業のマーケティング担当者としゃべっていると、ネットユーザーを90年代後半の感覚で捉えているような気がしてならない。

当時は、「オレ、ホームページ持ってるんだ」と言われたら、「わー、すげー、インターネットって自分で作れるんだ」などと言っていた牧歌的な時代、自分のサイトを持っている人は時代の最先端を走っていた（と思われていた）。現代の場合は、ブログを自由に使いこなし、ＰＶの高い人が「最先端」に該当するだろう。

企業の人に「なぜブログでのプロモーションをすることにしたのか？」と聞いてみると、だいたい「高感度な人々をターゲットにするには、新しいものが好きで影響力のあるブロガーさんをハブ（中心）にして、そこからクチコミを巻き起こすのが最適と考えた」といったことを言うのである。

具体的に彼らが行っていることは、ブロガーを招いた体験イベントや、ブロガーに商品を渡すことによってブログに書き込んでもらう「クチコミマーケティング」「バズマーケティング」「バイラルマーケティング」（どれも意味は同じようなもの）である。

もちろん、ＰＶがある程度高いブロガーが書くことは、好意的な露出が増えるため、良いことだが、ターゲット像の認識がズレていることも多々ある。これでは、せっかくイベントをやっても最大の効果は得られないだろう。

以前、某プレミアムビールのブロガーイベントが高級バーで開催されたので、取材に行ってきた。高級感あふれる店内を貸し切ったこのイベント。ブロガーたちは、各所でバーテンダーがビールを注ぐ様子を撮影したり、何人かで一緒にテイスティングをして感想を述べ合ったりしていた。かつてテレビによく出演していた著名人も招待されていた。

その場で、メーカーの担当者になぜこのようなブロガーイベントを実施したのかを聞いてみた。

おっと、その前に、同社がネット戦略についてどう考えていたかを説明する。当日のイベントでは、流通向けパンフレットが配布され、そこには「コミュニケーション展開」の欄があった。

書かれていた内容は、「さまざまなインターネットメディアを活用し、継続的にコミュニケーション展開を図り、一層のファン拡大を目指します」といったもの。ここで言うところのインターネットメディアとは、「メール広告、クチコミサイト、ブログなど」である。

担当者はブロガーを重視した理由をこう語った。

「新しく商品を作り直すにあたり、まずはどんな人が飲んでいるかを調べました。その結果、感度が高く、常に流行を気にし、目利きができている人々であることがわかったのです。今回の商品はそういう人を巻き込んで、長く愛される商品にしたいのです」

この話を聞くと、ターゲットとなる人々は、通常のビールや発泡酒よりも値段の高いプレミアムビールを飲み続けることのできる、それなりにお金を持っている人々のようだ。そんな人々から「長く愛される商品」にするには、じっくりと長期にわたって情報提供ができるネットを販促活動の核にすべきだと判断したということだろう。

だが、私はこの段階で、「ちょっと待てよ……。ブログを熱心に書いているヤツは暇人で、そんなにカネ持ってない人間が多いぜ……」とすでに懐疑の心を持っていた。

さらに、この担当者は、「新商品を出して、2～3週間マス広告を打っても、そのときしか盛り上がらないのはもったいないです。じわじわでもいいので、この商品をずっと好きでいてくれる人を弊社のファンとして囲い込むのが良いと考えました」とも語った。

これはたしかに正しい。流通向けパンフレットにも、ネットの販促活動に大きなスペースが取られているあたり、ネットを使った販促活動にも納得する小売店や卸《おろし》が増えてきたのかもしれない。ネットやブログを使ったプロモーションは確実に広がっているようである。

そこで私は会場を見てみたが、どう贔屓目《ひいき》に見ても「高感度の人々」には見えないのである。女性が多かったのだが、場慣れしている人（もはや懸賞マニアのレベル）か、高級バーの雰囲気と著名人がいる雰囲気に呑《の》まれている「おのぼりさん」的な人といった印象だ。

あとで彼らのブログを見てみると、ＰＶが１日あたり２０００もあるような人気ブログだったりはするのだが、彼らのなかにはそのバーについて「正直、こういったイベントでないと来られない場所です」と書いていたりする人もいた。

これに対しては、「おいおい、あのバーは高いけど、女と一緒のときは少し虚勢張って行ける店だぜ！　お前、ふだん発泡酒のユーザーじゃないか？」と突っ込みを入れたくなったし、「私はふだんビールは飲まないけど、このビールはおいしい」と書いている人に対しては、「ぜんぜんイベントの趣旨と合っていないし、この人、このビールを『長く愛して』くれないよ！　ビールをもともと飲まないヤツがビール好きになるかよ！」と少しあきれてしまった。

だが、彼らの文章は実に上手だ。メーカーの伝えたい内容をキチンと遊び心も含めて書いているのである。会場の楽しい雰囲気もよく伝わってくる文面である。

そして、会に参加した他の人々のブログのエントリーを律儀にもリンクしているのである。ひとつのブログのエントリーを見れば、その場にいた人々のレポートを多数読むことができるようになっているなど、サービス精神旺盛《おうせい》だ。

だが、この人たちのブログをさらに読み進めていくと、ライバル企業の試飲会にも行ってはメーカーの要望通りの文章を完璧に書くほど、企業の宣伝活動対応に慣れた人々であることがわかる。べつにこのビールを「長く愛する」気はないのである。

とりあえずはタダで高級バーでビールを飲め、「マグロのカルパッチョ　パルメジャーノ風味」をはじめとする高級フィンガーフードを食べられ、さらにはお土産にビールと会場となったバーのオリジナルグッズをもらえ、ブログのネタにもなるのだ。お金が支払われることもある。これは実に「おいしい」。

今回、このブロガーイベントに参加した人々が、ふだんブログで何を書いているのかも見たが、毎日のように更新するのはあたりまえ。テレビの番組収録参加に応募したり、さまざまな商品を宣伝していたり、平気で「無料、大好き！」と書いたりもしている。

そして、アフィリエイトがビッシリと貼られていて、PVを取るべく、話題のキーワードを羅列したり、ニュースの感想を綴るブログを更新し続けるような人もいる。

この人たちのどこが「高感度」で「長く愛する」ユーザーなのか……。勝手に人物像を予想してみると、女性の場合は、夫の給料は十分なものの、将来マイホームを買うために貯金をする必要があったり、子どもの学費がかかるため、ブログのアフィリエイトや懸賞、企業のクチコミ記事執筆などを積極的に行っている主婦や、定時に退社することが可能な事務アシスタント職の人などか。

男性の場合は、新しいテクノロジーを紹介することによってアフィリエイトである程度の収入があり、ネットを通じたコミュニケーションが多く、オフ会もときどきやっている……といった感じか。

そんな彼らには「懸賞マニア」的な側面がある。ためしに彼らが紹介している別の商品名やブロガーイベント名（「A」とする）を、ブログ検索サイトの「ヤフーブログ検索」や「Technorati」に入れてみると、今回のビールのイベントに参加した人々のブログも「A」

の検索結果に反映される。同じ人がさまざまなイベントに参加しては商品をホメているのである。

「このネタで書きませんか?」という企業やバズマーケティング会社からのオファーに、「やります!」とやみくもに手を挙げているのだ。

そのようなことを書いてくれる人のリストがあるわけだから、かぶるのは当然ではあるが、懸賞マニアを「高感度な人」と信じ込んで「ファンとして囲い込みたい」と考えている企業の人は、もう少し「ターゲット像」を精査する必要があるのではないか。

ブログに書く理由は「タダだから」

いや、「露出を増やす」ことが目的だったら何も問題はないのである。

この手のブロガーイベントについては、宣伝・広報担当者と商品担当者の間では評価が分かれるらしい。

ネットのプロモーションを数多く手がける広告代理店社員によると、宣伝・広報担当者は『かわいい〜』とか『おいしい〜』みたいにゆるいコメントではなく、もっとプレスリリースの内容、企業が発信したいメッセージを書いてほしい」という不満・要望を持っているようなのだが、商品担当者は、「ユーザーがどう思っているかをリアルの場で知ることができ、さらにそれがどう書かれるかを知るのは良いこと。『グルイン』（グループインタビュー）をざっくばらんな雰囲気でやることができ、さらに家に帰ってからどう思ったかも知ることができるので、この手法はまたやりたい」と満足しているのである。

私はネットの人々の嗜好を知るために、ふだんから名も知らぬ個人のブログをよく見るようにしているのだが、ブログ上のやり取りは、企業の人が思っている以上にシンプルである。たとえば、木村拓哉主演の検事ドラマ『ＨＥＲＯ』が２００９年１月２日〜３日にかけてフジテレビで再放送・特番再放送・映画版民放初登場とオンエアされまくったが、案の定、個人のブログでは、「ＨＥＲＯ観ました！」のエントリーが数多く書かれた。

それに対して、「キムタクのジャンパー完売らしいですね」「昨日の夜、ダーリンの実家から帰ってきて、テレビで映画『ＨＥＲＯ』を観て、すぐに寝てしまいました」などと、人々は思ったこと・知ったことをストレートに書き込む。

これと同様に、自分の食べたものについては、「おいしかった〜。卵がふわふわなの」と正直な感想を書き、ネイルサロンに行ったら、「今日、ネイルサロン行っちゃった。かわいいでしょ」などと、「何があって、それに対してどう思ったか」をシンプルに書くのである。

こういったブロガーは「素直な人」であり、「高感度な人」ではない。

そして、それらのブログを読み、コメントをつける人々も、「うわ〜、私も食べたーい」や「そのネイル、超かわいい〜」などとコメントをつける「素直な人」である。

この人たちがブロガーイベントについて書くときは、「招待していただきました」となかば特権階級的な心地良さを前提に文章を書きはじめ、「おいしい！」「かわいい！」と感想をストレートに書く。

そこには、企業の側がうだうだと考える「高感度の人々が……」「情報のハブとなって……」「長きにわたるファンになって……」「インフルエンサーとして、ファンを広げていただきたい……」うんぬんといった考えはない。

ただ、そこに無料のものがあるから参加し、行ったら楽しかったからブログで紹介しているだけなのだ。

私はこの手法に否定的ではない。もともとＰＲをやっていた人間のため、「露出」が増えることをポジティブに捉えている。だが、これはあくまでも「露出」であり、「ユーザーの意見を聞くことのできる場」でしかないのだ。

「ファンになる」「商品の伝道師になる」ことまで彼らに期待するのは酷《こく》だ。時間に余裕のある人にとって、企業のこうした活動は格好のブログのネタとなり、多少の優越感を持たせてくれ、ゆえに気持ち良く文章を書く、くらいに解釈したほうがいい。

クチコミが発生するのは、あくまでもおもしろいもの、突っ込みどころのあるものである。企業の真面目なブロガーイベントで書かれた内容を読んで商品を購入する人はいるだろうが、さらにそこからその人が自分のブログに書くこと（いわゆる「バズ」の発生）を期待するのは相当ハードルが高い。

前出「高級バーでプレミアムビールの試飲をした」というイベントをテーマにブログを書き、バズを起こすには、「というわけで、オレはプレミアムビール15本を1時間で飲むという豪華すぎるチャレンジをした。その結果、小便が2リットルペットボトル2本分も出た」「プレミアムビールと発泡酒、はたして味の違いはわかるのか？　10人でテイスティング!!」などのおもしろい企画を書くしかない。

こんなおもしろい実験をやっていたら、それは「こんなバカなことやってるヤツがいるぜ！」とリンクされることだろう。

だが、これはメーカーが求める内容の文章ではない。メーカーが求めるものは、「目利きができる人が飲むビール」であり、「高級ビール」であり、「画期的商品」という点である。

ネットでバズが巻き起こる要素はここにはない。なぜなら、「目利きができる人が飲むビール」「高級ビール」には突っ込みどころがあまりないからだ。「木村拓哉が好きなプレミアムビール」だったらバズは起きるだろうが……。

かつて広告代理店で働いていたとき、自動車やマリンスポーツ関連の展示会の現場を担当したことがある。そのとき、メーカーの担当者が求めるのは来場者のアンケート回収だ。しかし、アンケートを無報酬で書いてもらうことは難しいため、お菓子、レトルト食品などのタイアップ商品を別のクライアントから割引価格で大量購入し、アンケートを書いてもらう代わりにそれらを配っていた。

配る前に「今から15分後に配ります」と館内アナウンスで伝えるのだが、その瞬間、市価１００円～１５０円の商品をタダで入手するべく、大行列ができるのである。そこから、ゴルフやボウリングなどで使用する使い捨て鉛筆を添付したアンケート用紙を行列の人に配布する。彼らは並んでいる間に記入し、15分後に用紙と引き換えにタイアップ商品を渡す。

これらタイアップ商品はいくら用意してもすぐになくなる。何度も並ぶ人がいるし、なんせタダでモノがもらえるのであれば、時間を浪費することを厭《いと》わない人が多いのだ。

依頼されてブログに書く人たちも、このようにタイアップ商品のために並ぶ人々と同じような人々ではないだろうか。べつに意見を進んで書きたいというわけではないし、そのタイアップ商品をもともと欲しかったわけでもない。タダで何かをもらえるから書く、それでトクした気持ちになれる人である。

私の編集するサイトにしても、商品紹介をすると「こいつらはカネもらっておいしいもん食って、少しは読者に還元しろ！」という意見が出る。

「198キロカロリーのカップヌードル」として知られるカップヌードルライトを実際に食べてみた結果を画像付きで報告したら、「プレゼントはないの？　スタッフだけで販促サンプルを食べてるんじゃないの？」などと書かれた。

我々は単にニュース性があるから、自分でカネを出して商品を買って紹介しているのである。「低カロリーカップヌードル」は明らかにニュースとして価値がある。だから、メーカーからの依頼がないにもかかわらず書いた。

それなのに、「スタッフだけで販促サンプルを食べてるんじゃないの？」と勝手に邪推するとは、これまた実に味わい深いコメントである。

ネットに向いている商品は、納豆、チロルチョコ、ガリガリ君

あと、企業の担当者は、ネット向きの商品とそうでない商品があることを認識したほうがいい。ネット向きの商品のひとつは、ズバリ、安くてコンビニで買えるものである。

経験上、記事として紹介して、ＰＶが高くてコメント欄も活況となる商品は、「納豆」（３パック入り１１８円〜１４８円程度）、「チロルチョコ」（10円〜30円）、「ガリガリ君」（60円のアイスバー）が御三家である。また、店舗に関しては、「マクドナルド」「ユニクロ」「モスバーガー」が御三家だ。いずれも、「高感度な人が好む」というよりは、「親しみやすい」「ふだんからよく目にする」商品や店舗が人気なのである。

たとえば、ＰＶが高かった商品、実際にブログ等に多数引用された商品の記事には以下のようなものがある。「ミツカンの『たまごかけご飯のようになる納豆』」「抹茶味のチロルチョコ」「ガリガリ君の妹『ガリ子ちゃん』」「マクドナルドのメロンパン」「ユニクロのヒートテック」「モスバーガーの牛乳に挿《さ》すとフルーツ味になるストロー」などである。

そのため、これら商品・企業に関する情報は極力掲載するようにしている。カネをもらっているわけでも頼まれているからでもなく、ＰＶが稼げるからだ。

他にも、「期間限定商品」（苺味キットカットや、じゃがりこシーフード味等）、「ＣＭ出稿量の多い商品」「独自すぎる商品」（バンダイの「∞プチプチ」等）、「具体的数値を記述できる商品」（通常より2倍大きいカール、通常より1・5倍辛い暴君ハバネロ等）などは、安定して読者から評判の良いジャンルの商品であり、ネット向きと言える。

これらの商品については、確実に露出が稼げるバズマーケティングの手法は有用だろう。書き手の腕次第では、そこからかなり広がるだけのポテンシャルを持った商品である。

なお、購買につながる可能性は極めて低いが、「やたらと高い商品」も話題にはなる。それは、「180万円のカクテル」「1億3450万円のダイヤ付きチョコレート」などだ。

一方、ネットであまりウケなそうなものは、「見出しがつけられないもの」である。前出のような商品は見出しがつけやすい。「ガリガリ君の妹が登場」や「通常サイズより2倍大きいカール登場」「1杯180万円のカクテル登場」などはその最たるものだろう。見出しがつけられないものは、「200万円くらいの国産車」「ウーロン茶がリニューアル」など、価格的にも中途半端だったり、単なるマイナーチェンジだったりするものだ。

ネットを使ったプロモーションを展開すべきかどうかの判断は、まずは自分がニュースサイトの編集者になったつもりで、タイトルをつけられるかどうかを考えたほうがいい。

たとえば健康ドリンクで、配合されているビタミンCの量が100ミリグラムから120

ミリグラムに増えるリニューアルをするのであれば、これはおそらくネットではウケない。「〇〇ドリンク、ビタミンC配合量を１・２倍増加」では何もインパクトがないからだ。

１００ミリグラムが５００ミリグラム以上になれば、「ビタミンC量をこれまでの５倍にした健康ドリンク」という見出しをつけることが可能で、これはこれで食いつく人がいそうである。本当は「１００倍」くらいのインパクトが欲しいところではあるが……。

企業が見誤ってはいけないのは、良い商品だったり、突っ込みどころがある商品であれば、クチコミは自然発生するということだ。第２章で説明した「ネットでウケるもの」こそ、クチコミを発生させられる商品なのである。

ここでもう一度紹介する。

①話題にしたい部分があるもの、突っ込みどころがあるもの
②身近であるもの（含む、Ｂ級感があるもの）
③非常に意見が鋭いもの
④テレビで一度紹介されているもの、テレビで人気があるもの、ヤフートピックスが選ぶもの
⑤モラルを問うもの

⑥芸能人関係のもの
⑦エロ
⑧美人
⑨時事性があるもの

商品の場合、重要なのは①と②である。

前述のミツカン「たまごかけご飯のようになる納豆」は、①の条件を押さえていたため、多数の読者が「つーか、どーいうことよ、これ?　卵が入っていたら普通腐るでしょう?」などと気になり、記事を引用してブログを書いた。

そして、その人のブログのコメント欄ではさまざまな感想が寄せられ、さらにはそのブログを起点に何人かが別のブログでこの納豆を紹介した。それを見た人もさらに「たまごかけご飯のようになる納豆っていったい何だろう……」と思い、自分で買って試しただろう。みんなこの納豆が気になったのだ。そして、「マジでたまごかけご飯みたい!」や「たまごかけご飯というほどでは……」などと、誰からも強制されぬかたちで商品について書くことになるのだ。

「ガリガリ君の妹」は「ガリ子ちゃん」という名前なのだが、これは①と②の条件を兼ね備えている。『ドラえもん』に登場するガキ大将の「ジャイアン」の妹が「ジャイ子」であるのに共通する安直さと、60円という低価格が決定的なB級臭をプンプン与え、それなりにこの商品も引用された。そして、なによりもガリ子ちゃんはおいしい。

ブログでは、「ジャイアンの妹ジャイ子みたい、ﾛ゛:」という感想の他、「『妹萌え』の潮流に真っ向から立ち向かうような無骨なビジュアルに、『ジャイアン&ジャイ子に続くビッグ兄妹誕生か?』と世間を俄《にわ》かに騒然とさせているガリ子ちゃん登場の件ですが、我々KGB（葛飾ガリガリボーイズ）の２ヶ月にわたる追跡調査の結果、ガリ子ちゃんはガリガリ君の実の妹ではないという衝撃の事実が判明したので報告いたします」と、独自の説を楽しそうに展開する人が登場するなど、雑談の話題を提供。かなりネット向きの商品と言えよう。

また、いくら広告であったとしても、クチコミが発生するものがある。

雑誌の「開運グッズ」の広告では、両脇に美女を抱え、満面の笑みの男の写真脇に「金！女！夢！　欲しかった物はすべて手に入れた!!」などのコピーとともに、ブレスレット型パワーストーンの紹介がされている。

ここでは、「デトロイト国際鉱物分析研究所　ロバート・フューリック博士」による効果へのお墨付きや、石を命がけで採掘している光景の写真、その他の成功ケーススタディ（無職男が宝くじ2億円当せんでウハウハの人生を送る、など）も、突っ込みどころ満載ながらも夢を与えてくれるモノとなっている。

私が編集者としてかかわっていた「テレビブロス」の読者アンケートでは、「おもしろかったページ」について「開運グッズの広告」と書いてくる人も多く、さすがにこれには複雑な気持ちになった。

だが、この開運グッズ広告は広告をおもしろくするためのフォーマットであり、知り合いが一度、このフォーマットでサッカーくじの広告を作ったことがある。

タレントの光浦靖子がモテないＯＬの「溝口晶子さん」を演じ、サッカーくじに当たった途端、突然モテはじめ、幸せになったというものだ。そして、サッカーくじ関係者のお墨付きの言葉が書かれているのである。

これもそれなりに突っ込まれ、ネットでは「溝口晶子は光浦だろ?」などと書き込まれもした。

「おもしろいから書く」「突っ込みどころがあるから書く」「好きだから書く」――これがクチコミの発生原理だ。そして、クチコミは作れるものではなく、商品力やおもしろいプロモーション・広告によって勝手に生まれるものである。

ブロガーイベントに招き、商品提供をしたうえでブログに書いてもらう手法は、「クチコミ」ではなく「露出の増加」であり、従来型の広告と同じ手法だ。

ネットにはフェアな部分もあり、おもしろいものはおもしろいと書く人が必ず出てくる。そして、その人は勝手に広めてくれる。カネの力や強制によって書かせざるをえないほど突っ込みどころがない商品・サービスは、ネットでプロモーションをするのに向いていないのである。

たとえば、「スッキリしながらもコクのあるビール」という商品の最大の特徴をメーカーが押しつけようとしても、それでは誰もクチコミはしない。「100枚に1枚だけラベルが違う」や「中川翔子がCMタレントになった」などであれば書いてくれる。

ネットでプロモーションをすることを決める前に、「この商品はネット向きか?」をまずは冷静に考え、そのうえで実施の有無を考える必要があるだろう。


「Web2・0」とか言う前に、「Web1・374」くらいを身につけるべき

続いては、「ネガティブな書き込みをスルーする耐性が必要」だが、これはもう慣れるしかない。だが、そのレベルにまったく至っていないのが日本の大企業なのである。何か問題のある書き込みがあったら、「アッー！　たいへん！　どうしよう！」と右往左往してしまう人がなんと多いことか。

大企業の広報担当者から聞いた話だが、広報部員が朝会社に来てまずやる仕事は、新聞のチェックに加え、ネットにネガティブな書き込みがないかをチェックすることなのだという。そこでネガティブな書き込みがあったら上司に報告をし、対応を検討するという。ときにはサイトの管理者に削除を依頼することもあるようだ。

さらに念を押すため、月額数万円を支払って、2ちゃんねるのネガティブな書き込みをレポートしてくれる企業とも契約をしていると語っていた。

私が、企業がネットの声を異常に恐れているのを知ったのは、2006年～2007年初頭のことだ。

多数のプレスリリースがまとまったサイト「日経プレスリリース」で、とある飲料品のリニューアル&名称変更が告知されていたが、その文面からは名称を変更する理由がいまいち読み取れなかった。そこで、その企業の広報部に電話で問い合わせをして、質問をしたところ、詳しい理由を教えてくれた。だが、記事にコメント欄があることがわかった途端、その担当者は、「あ、コメント欄がありますね……。すいません、今私が答えた内容と、商品リニューアル情報自体を一切掲載しないでください」と言ったのだ。

理由を聞いてみると、「ネガティブなことを万が一書かれると社内的に問題になる」ということのようだった。ネガティブなことが書き込まれると、広報部内だけでなく、その商品のブランド担当者や営業担当者からも、「広報がちゃんとマスコミや世論をコントロールしないから悪い。これで商品に悪いイメージがついたらどうするんだ。流通が怒ったらどうするんだ」とクレームが入るのだろう。

さすがに今はここまでビビる企業は少なくなったし、この企業も今では私たちが彼らのプレスリリースを元にして記事を書くことに何も言わない。たぶんメリットがあると考えているのだろう。だが、基本的に「ネット世論は怖い」と大企業の人々は思っているようだ。

それでいて、「これからはＷｅｂ２・０の時代ですなぁ、ガハハ」などと言うのだ。Ｗｅｂ２・０の定義を「はじめに」で紹介した『ウェブ進化論』に再度委ねると、「ネット上の不特定多数の人々（や企業）を、受動的なサービス享受者ではなく能動的な表現者と認めて積極的に巻き込んでいくための技術やサービス開発姿勢」となる。

だが、ネットの書き込みを恐れている人間が、「これからはＷｅｂ２・０の時代ですなぁ、ガハハ」などと言うのは噴飯《ふんぱん》モノである。もし本気で「これからはＷｅｂ２・０の時代ですなぁ、ガハハ」と言いたいのであれば、その前にＷｅｂ１・３７４くらい身につけろ、と言いたい。

Ｗｅｂ１・３７４とは今ここで思いついた適当な数字でしかないが、「ネットの書き込みに対する耐性をつけ、スルー力を身につけるレベル」ということである。

世の中は自分のことを礼賛してくれる人だけではない。全員を満足させられる商品なんて作れるわけはないし、不快になる人がひとりもいない商品・サービスなんてありえない。そんな商品は勝手に売れまくる。企業活動を行えば批判的なことばや文句がつくことも当然だと認め、ネット上にネガティブな書き込みが散見してあったとしても、参考にする程度で、スルーする耐性・能力が求められるのだ。

そして、ネット世論に過度にビビっていると、ますますつけ込まれるネタを投下することになる。

２００３年、とある企業の採用ホームページの「先輩からのメッセージ」内容が突然変わった。このページでは、先輩社員が顔写真付きでその企業について語っていたのだが、「○○社の魅力とは?」という質問に対し、ある女性社員が「元々はスペースシャトルの耐熱タイルを作った会社……という程度の知識しか持っていませんでした」と答えていた。

だが、２００３年2月1日に発生したスペースシャトル・コロンビア号の空中分解事故で、タイルに損傷があったことが報じられたあとには、そこの部分が「ファインセラミックの会社という程度の知識しか……」に変わったのだ。

そして、下のほうに人事部の注で「スペースシャトルの耐熱タイルを作ったという事実がないことが判明しましたので、本人の承諾を得て上記の通り変更いたしました」と書かれた。

これを受け、2ちゃんねるでは、「べつに耐熱タイルが他の物体と衝突して破損したのが事故の原因であって、耐熱タイルの性能そのものに問題があったわけではないのに。てめーの作っているものに誇りが持てねーのか？　と言いたい」という意見が出た。これこそが一般的な解釈だろう。

その企業のタイルに損傷があったことだけが原因でコロンビア号の事故が起きたわけではなく、タイルの件は叩かれる理由にはならない。そして、「放置しておけば問題ないのに、書き換えるから疑惑を招くのだな。そんなこともわからん会社なのか」という意見が出て、さらに「痛くもないところを探られてこれなら、痛いところをつかれたら、とんでもない汚い真似をしでかすかもしれん。と、言う疑念を、他者に与えるだけの結果になりましたね」という意見まで書き込まれる事態となった。

なによりも、人事部の注が良くない。「そのような事実はなかった」と書いたことは、ホームページに掲載された先輩社員が、入社前に間違った知識を持っていたことを広めることになる。顔写真まで掲載された彼女は、はっきり言って、「企業研究をしていないバカ」扱いされてしまったわけだ。

さらに、その先輩社員の書いた文章をチェックした部署の上司と、最終的に掲載の権限を持つ人事部が、いかに自社の事業を知らなかったかを露呈したことにもなるのである。

だが、一連のこの展開を見た人々は、「事実がなかった」というふうには捉えていないだろう。「こいつら『余計な風評が出る前に変更してしまえ。あっ、突っ込まれてもいいように、注釈は加えておこう』って思ったんだろうな。バカじゃね、こんなことしたら『捏造会社』『臭いものに蓋会社』と思われるのにな」との感想を持ち、そもそも「注」を信用してすらいないだろう。

このような姑息《こそく》な変更を行わなければ、ネットで話題にもならなかったはずである。仮にネットでこの会社のタイルを責める人が出たとしても、「アホか、タイルだけが空中分解の原因なワケないだろ」と制止する人が出たはずである。

要するに、キチンとしたことを常にやっておけばいいのである。誤ったことや反社会的なことをやってしまった場合は、すぐに謝罪をする。ネットだから特別なことをするのではなく、常識の範囲内で企業活動を行い、情報発信をしておけば、ネット世論をそう気にする必要はないのだ。

私が雇ったフリーライターのなかには、「コメント欄が怖い」と辞めた人が数名いるが、開始してから2年半以上経った現在でも書いている人は、コメント欄のことをなんとも思っておらず、良いコメントだけを意識的に見るという都合の良い能力を身につけた人だらけである。

これでいいのだ。正しいことを発信している自信があるのであれば、ネットでは良い意見だけを見ればいい。コツとしては、「ふわふわプリン（仮）」を作る「山田食品（仮）」の社員が自社製品の評判を検索するときは、商品名や企業名だけを入れるのではなく、「山田食品　すげー」「山田食品　ふわふわプリン　おいしい」などと、良いキーワードとセットに入れるのである。悪い意見は自分が想定していることか謂《いわ》れのない中傷のため、あまり参考にならない。

もし、上司からネットの意見の報告を求められたら、ポジティブな検索結果だけをURL

付きで報告すればいい。自ら悪いネタを探しに行くことほどバカげたことはない。

第1章では、暇な人が「バカはいねえがぁ?」とネット上でバカ探しをしていることを書いたが、企業の場合は「ウチの会社の悪い話はねえがぁ?」とわざわざ探しているのだ。Web1・374をまずは身につけてください。

ちなみに、最大の自己防衛策は、悪いことが書かれてあったとしても、ネットのことがよくわかっていない上司には報告しないことである。その上司が右往左往した結果、余計な「燃料投下」につながる手を打って、状況はより悪化することだろう。

なお、「炎上によってサイトやブログが閉鎖に追い込まれた」とよく言われるが、べつに炎上コメントがサイトやブログを「閉鎖」に追い込んだわけではなく、管理者が「閉鎖を決定した」だけである。

炎上しようが、きちんとした説明なりお詫びをして、更新を続けておけば、近いうちに正常な状態に戻り、担当者はひとつ学ぶことになる。

どちらにせよ、今後、企業活動とネットは切り離せないため、一回の炎上で拒否反応を持つのではなく、その対処法を知っておくことのほうが有用だし、世間的な評価も高まる。

「閉鎖」は、「追い込まれる」ものではなく、「自発的に行う」ものであることを覚えておきたい。

バカの意見は無視してＯＫ

炎上といえば、ネット世論へのスルー力を身につけた企業がある。ＴＯＫＹＯ ＦＭと吉本興業だ。

２００８年5月、お笑いコンビ・ダウンタウンの松本人志が当時多数報道されていた「硫化水素自殺」に対してラジオ番組で発言した内容をめぐる一連の騒動で、それは明らかになった。

松本はラジオで、「アホがたくさん死んでくれてオレはええねんけど、これ以上増やさんために、もう（報道は）やらんでええねん」と発言。

ラジオで共演した放送作家・高須光聖氏の「マスコミが自殺の手助けしてるようなもんだよな」という発言に対し、松本が「そう、くだらないヒントを与えなくてええねん」と答えたり、「もうええねん、もう一切そのニュースなし」と発言したことからもわかるように、硫化水素自殺をめぐるマスコミ報道への批判が会話の主題だった。

だが、前後の文脈を捉えず「アホがたくさん死んでくれてオレはええねんけど」の部分だけがクローズアップされ、2ちゃんねるで「問題発言」との意見が出た。そして、松本と高須氏の会話がニコニコ動画で何度も再生された。

この騒動を、J－CASTニュースは「ネットで騒ぎになっている」とし、「松本人志が硫化水素自殺で『放言』『アホが死んだら別に俺はええねん』」の見出しをつけて報じた。

当件について、オンエアしたTOKYO FMはサンケイスポーツの取材に対し、「発言の一部だけを取り上げ、ねじ曲げられて報道されています。局には発言についての抗議はない」とコメントした。

また、松本の所属事務所である吉本興業は、発言について、「硫化水素自殺についての『死んだらアカン』という命の尊さを訴えている松本の意見表明だと思います。騒動報道についてはコメントすることはない」と答えた。

さらに後日、ITmedia News は吉本興業による「社会に対する個人の意見の表明の域を出ないもので、問題発言とは捉えていない。ネット上の騒動についてコメントする予定はない」「記事は、放送の一部を恣意《しい》的に切り取ったもの。ネット上の個人の無責任な発言をいたずらに流布する報道姿勢について、J－CASTに抗議した」というコメントを紹介。対応によっては法的手段を検討することも報じた。

これにより、この騒動はパタリとやんだ。多くの人がネット上の揚げ足取りに嫌悪感を抱き、松本が本来言いたかった内容をキチンと汲んだのである。

倖田來未の「羊水発言」のときは、ネットのヒステリックな意見に所属事務所も倖田本人もビビると同時に、大問題発言だと捉えすぎた。倖田は謝罪をしただけにとどまらず、芸能活動自粛に追い込まれ、軒並みＣＭ契約が「満了」したが、松本の件では、所属事務所とオンエアしたラジオ局が「歪曲するんじゃない！」「揚げ足取るんじゃない！」とビシッと言い切って、この騒動に終止符を打ったのは見事である。

常にネットの声に怯え、ネットの悪意ある声でさえも「貴重なお客様のご意見」とする趨《すう》勢《せい》のなか、「バカの意見は無視してＯＫ」「自分が正しいと思う信念があるのであれば、それを貫くことが大事」という前例を作っただけに、画期的な出来事だったと言えよう。

クリックされなきゃ意味がない

さて、続いては、ネットのプロモーション企画の立て方についてだが、企業の広報部や宣伝部の担当者からの依頼は、最初は調子が良くて楽しそうである。

私はよく「なんかネットでおもしろいことを考えてくださいよ！」などと相談を受けるた

め、前述の「ネットでウケるもの」を核とした案を考える。

すると、直接の担当者は「おもしろいですね！」と言うのだが、その人が上司に説明すると、「上司から過激すぎると言われて……」となっておしまいになることだらけだ。

ネットのプロモーションというものは、最初は勢いよく「バーンとおもしろいことやりましょうよ！　テレビよりも自由にできますよ！」などと言われるのだが、上司に渡した段階で、その「バーンとおもしろいアイディア」「自由なアイディア」はつぶされる。フリーのプランナーとしては徒労に終わることが多いのである。

だから私は、提案を依頼されるときは、「B級なネタしか出しませんよ。それがネットでウケるからです。ウケもしないことを提案したくはないので」と事前に伝えることにしている。

従来的な企業の宣伝・広報活動においては、「露出を確保することが大事」という考え方がある。その理由は、キチンとした成果として宣伝部や広報部が社内で報告できるから、ということと、いわゆる「流通対策」である。

小売店に「テレビCMを来週から1000GRP打ちますし、来週はテレビのパブ枠でも1分間露出されるんですよ！　あと、スポーツ紙からの取材も入っています！」と伝えることによって、小売店の棚を確保するのである。

　これの効果はさておき、「とりあえずかたちは作った」という報告なり、事前の説明ができるので、重要なことではある。だが、ネットでは、「露出を確保することが大事」という考えだけではダメだ。

　もちろん、基本的な商品情報やプレスリリースは自社サイトにアップしておくべきだが、プロモーションをやるにあたり、「とりあえずサイトを作りました」「ブログパーツを作りました」ではダメだろう。「クリックされました」でなくては意味がないのだ。そして、「売り上げにつながりました」「資料請求がこれだけ来ました」となれば、なお理想的である。

　どう考えても、サイトがあるだけでは存在は知られないし、魅力的なネタと人の目を惹くタイトルがついていないとクリックはされないし、別サイトからリンクしてもらうためには前出「ネットでウケるもの」の①〜⑨の要素がどこかに入っていなくてはならない。

　その原理原則に則ったB級企画を提案するも、大抵の場合、先方の返事は「〇〇社としてこのような企画はいかがなものか」である。

「〇〇社として」の真意は、「ウチのような堅い一流企業がこんなバカなことをやると、社内的にも社外的にも問題が生じる」ということだ。

もう私は結論づけているが、ネットでいくらキレイなことをやっても消費者は見向きもしない。だから、業界内で「クリエイティブがすごい！」「メディアミックスの成功事例！」などとやたらと評価の高いプロモーションはいくつかあるが、私はそれらをまったく評価しない。

業界内で評価されるプロモーションは、一流芸能人を投入し、テレビCMの大量出稿でサイトの告知をし、ときには雑誌にブックインブックを挿入したカネのかかった作りであることが多い。

そして、これら業界内評価の高いサイトは大抵フラッシュを使いまくっていて、見ていて疲れてしまう。最後まで見ると「訪問者数」が表示されたりするが、その数はあまりにも少なく、ニュースサイトを運営する身からすれば唖然《あぜん》とするほどだ。

テーマはキレイすぎるし、すべてが「善」であふれている。だが、ネットでは、身近で突っ込みどころがあったり、どこかエロくて、バカみたいで、安っぽい企画こそ支持を得られるのだ。そして、掲示板やブログで「○○社のキャラがあまりにもゆるすぎるｗｗｗｗ」「○○社のキャンペーンサイトがアホすぎる件」などと書かれたら、それこそ成功である。

これを言うと企業の人は「ネットってバカみたいじゃないか！」と驚く。だが、「はい、バカみたいなんです。そういうものなんです。人々の正直な欲求がドロドロと蠢《うごめ》いている場所なんです。友達と飲んでいるときに、『このビールはコクがあってノドゴシがスッキリだね』『そうだね、やはり酵母の力が生きているからじゃないかなあ』なんて宣伝臭ただよう話をしますか？　ビールについて居酒屋で語るときは、『一番搾りのＣＭに出てくるあの湯葉うまそうだよな、よし、湯葉頼もうぜ』『いやぁ、それにしてもビール飲むとなんでこんなにたくさんションベンが出るんだよ！』みたいな話をしませんか？　それが人々の関心だし、『語りたい内容』なんですよ。ネットもこれと同じです」と答えることにしている。

ネットは暇つぶしの場であり、人々が自由に雑談をする場所なのである。放課後の教室や、居酒屋のような場所なのである。

先にバカをした企業がライバルに勝利する

90年代後半まで、既存のマス４媒体で押しつけ型の広告活動をしていた大企業がネットの可能性に気づき、時代に乗り遅れるなとばかりにネットでのプロモーション活動に続々と参入してきたが、結局は押しつけ型で、「ユーザーはファンになってくれるはずだ」という楽観主義と根拠のない決めつけによってコンテンツを作り続けてきた。

あくまでもネットは雑談の場であるにもかかわらず、「第5の媒体」と勝手に位置付け、これまでの「こんなにすげーんだぞ、オラ、見ろ!」というプロモーションのやり方を押しつけたのである。

そして、クリックされるワケのない、突っ込みようのないうわべだけキレイなコンテンツを連発したうえで、「ネットは効果がないですなぁ」と落胆してみたり、PVが少なかったとしても「新しい試みができたので良しとする」などと正当化するのである。

だが、そろそろネットを4媒体の延長と考えるのはやめるべきでは? くり返すように、ネットは居酒屋のような場所なのである。居心地の良い店に自然と人が集まり、そこで楽しんでいく場なのだ。

たとえば、リアルな場の居酒屋で中年サラリーマン4人が楽しく飲んでいるときに、いきなりスーツを着た中年の男(営業課長47歳)がやってきて、「さて、我が社の新製品、『芳香性薬用練り歯磨き』に関するプレゼンテーションを見てもらえませんでしょうか」などと言ってきたらどうだろうか。「ケッ、邪魔だよ、あっち行け、バーローめ」と言われておしまいである。

だが、その場にミニスカートをはいたキレイなキャンペーンガールが「タバコの新製品です」と言ってやってきたら、「オッ、ちょっと一本いいかな」となり、「いえいえ、どうぞこの6本入りをお試しください」となって悪い気はしない。「おねえさん、寒いけど頑張ってね」と優しい声もかけたくなることだろう。

この差は何か？　ひとつは、居酒屋にふさわしいのは薬用練り歯磨きよりもタバコということであり、もうひとつ、いや、最大の違いは、前者のPR担当者が「中年サラリーマン」であり、後者が「キレイなキャンペーンガール」であることに他ならない。

そりゃあ、商品についていちばん詳しく知っているのは、その商品の開発マネジャーなり営業課長であろう。キレイなキャンペーンガールがタバコメーカーのブランド担当マネジャーよりも商品について詳しくないのはあたりまえだが、それでいいのだ。

べつに客は居酒屋で突然闖入《ちんにゅう》してくるプロモーションに対し、ガタガタとごたくを並べてほしいのではなく、気持ちよくコミュニケーションを楽しみたいだけなのである。

「で、その薬効成分は何なの？」と聞いて、「はい、中国4000年のナントカカントカと、日本古来のナントカカントカを、我が社の優秀な開発スタッフが苦節12年間の開発期間を経て62・7％対37・3％で配合し、ナントカカントカで……」などと言われるよりも、「おねえさん、ニコチンはどれだけ減ったのよ？」と聞かれ、「はい、15％減です」「で、肺ガンのリスクはどれだけ減るの?」「えぇっと……」「ガハハハ、べつにいいよ、今度買ってみるよ」というやり取りのほうが、その場のノリにふさわしい。

居酒屋で客が「商品にやたらと詳しい中年のオッサン」よりも、「商品に詳しくはないけど、ノリの良いキレイなおねえさん」を求めるのは当然だろう。ネットでも「商品に詳しくはないけど、ノリの良いキレイなおねえさん」によるプロモーションをすべきなのである。

それなのに、七三分けで稟議《りんぎ》とハンコと検討と社内根回しが大好きな下河原源一郎企画課長42歳・最近子どもが反抗期に入りました! でも、いずれは一流大学に行ってボクに感謝してくれるはず、そのときは一緒にビールを飲みたいな! みたいなおっさんが、「○○社としてこのような企画はいかがなものか」などと主張し、ネットユーザーが本当にクリックしてくれそうなB級企画をつぶし、おもしろくもなんともない、ただおしゃれで「Loading」の時間だけがやたらと長く、フラッシュ使いまくりで、どこをクリックしていいのかわからないうえに余計な音が出るサイトを作って、ひとりご満悦なのである。

そして、「一日あたりの平均PVは2000です」などと部下から報告を受けて、「それは去年のキャンペーンと比べてどうなのか?」と聞き、「はい、22%増です」と言われたら、「ウヒヒ、これで今年のネットキャンペーンは成功だ。吉田部長に報告しやすいぜ」とひとりほくそ笑んでいるのである。

勝手に妄想でここまで書いたが、これまでさんざんB級企画をつぶされては「アノ人はバカなの?」「アノ人はネットのプロモーションをわかってない。我が社の事情をわかっていない」と「一流企業」の方々から陰で言われてきた身からすると、たぶんそうなのである。

だが、しつこいようだが、ネットで「キレイなもの」はウケない。「身近（B級）」で「突っ込みどころがあるもの」がウケるのである。

だから、仮に私がビール会社からネットのプロモーションを考えてくれ、と言われたら、「巨乳水着ギャルとイケメン ビールに質問しまくり」というサイトを提案する。

そこでは、「なぜビールはいくらでも飲めるのか?」「なぜビールを飲むと小便が近くなるのか?」「ビールを使ったおいしい料理」などの疑問と回答をひたすら並べるのだ。

もはやこれらのサイトを見れば「ヤフー知恵袋」でビールに関する質問が一切出なくなるほどのビールにまつわる疑問への回答を投入しまくる。ビールの専門家であれば、ヤフー知恵袋の素人回答者よりも優れた回答ができるはずだ。その信用性を担保にリンクをたくさん貼られたら、グーグルの検索で上位にくることだろう。

そして、質問を「男性用」「女性用」に分け、男性用ではすべての質問のページに巨乳の水着ギャルを配置する。「なぜビールを飲むと小便が近くなるのか?」のページで使う写真は、当然のごとく彼女が背中を曲げ、下腹部を押さえて苦悶《くもん》の表情を浮かべているものだ。しかもセリフは、「あ〜ん♥もう、モ・レ・ソ・ウ。イカなくちゃ……トイレに……」だ。しかも、背中を曲げているがゆえに、胸の谷間がクッキリと見えるのである。

最初はこの女性の名は一切明かさない。ネットで誰かが特定するのを待つ。

女性用の質問コーナーには、「日本初 ビールキャンペーンボーイ」を名乗るイケメンがさまざまなコスプレをしている写真を掲載する。長島☆自演乙☆雄一郎ではないが、初音ミクや阿部高和(検索してみよう!)のコスプレも彼はするのだ。

さらに、ここからが重要なのだが、必ず現在行っているキャンペーンのバナー(これもB級テイスト)をすべてのページに貼っておく。

個人ではなく、ビールメーカーがこんなサイトをやっていれば、検索結果で上位に入るはずである。そして、この手のサイトを作っておくことの最大のメリットは、日本最強のネットの一コーナーである「ヤフートピックス」の「関連リンク」で紹介される可能性がたぶん上がることだ。

ヤフートピックスの記事タイトルをクリックして、記事ヘッドラインのページに飛ぶと、その記事に関連したテーマを扱ったサイトへのリンクがいくつか貼られている。ここでの掲載を狙うのである。

たとえば、夏の暑い時期に「今年はビールの出荷量が前年同期比１％増」という記事がヤフートピックスに出たとする。そこで、ヤフートピックス担当者は、「何か関連した良いネタはないかな……」とネットの各所を探すわけだ。

そんなとき、ビールメーカーやビール酒造組合、ビールファンの作ったサイトも見られているだろう。そこで、「暑いときにビールが特においしく感じられる理由」というネタをメーカーが丁寧に説明しており、さらに巨乳の女がそこにいれば、「このネタいただき！」とばかりに、ヤフートピックス担当者はリンクを貼ってくれるかもしれない。これでいいのである。

ヤフートピックス担当者は、ヤフー読者（＝一般的なネットユーザー）の多くがＢ級ネタを欲していることを知っている。そのため、彼らの嗜好に合っている関連リンクを選ぶことも、ユーザーへのサービスになるのだ。

企業も、その先にいるユーザーを見据え、ヤフートピックス担当者に良いネタを提供するつもりでＢ級ネットプロモーションを行うと良いだろう。そして、業界に先んじてＢ級ネタをやることによって、「アイツらわかってる」という評判をネットユーザーから獲得することができる。

今は業界内で誰がB級ネタを解禁するか牽制《けんせい》し合っている状態であり、テレビの民放各局がエロを途中から解禁したり、雑誌がヘアヌードを解禁したときと同様に、一歩先んじた企業が後世に名を残すのである（これは言いすぎか）。

また、ここで断言してしまうが、いくらブロガーが取り上げようと、イベントを行おうと、ヤフートピックスそのものから取り上げられるか、その記事の「関連情報」に取り上げられるかしたほうが効果は高い。なんせ見られる数が違いすぎる。ネットプロモーションは、ハッキリ言ってこれだけでもいいかもしれないのだ。

よって、私がふだんネットプロモーションで行う提案は、「ヤフートピックスに取り上げられる方法（ただし１００％の保証はできない）」というシンプルなものである。

「提案はこれだけですか?」と聞かれるが、「はい、そうです」と答えている。まぁ、毎回「アホすぎる」という理由で企画は却下されるが……。私は大企業の担当者から見れば、無能なプランナー扱いであり、一発で出禁《できん》（出入り禁止）である。

ちなみに企業の人は、記者会見などをするときに「ヤフートピックスの記者を呼べないかな」と言うことがある。これは誤りである。ヤフートピックスは記事提供ニュースサイトや新聞社・通信社の記事を配信しているだけなのだ。

よって、ヤフートピックスに掲載してもらいたいのであれば、記事提供ニュースサイトに取材依頼をかけるべきなのである。

ネットプロモーションのお手本「足クサ川柳」

このように、余計なプライドと体面と社内調整の煩雑《はんざつ》さが邪魔して、大企業がネットで本当にウケるB級ネタのプロモーションに踏み切れない一方で、中小企業はときにキラリと光るネット向けの企画を世に送り出している。

「我が社としてこのような企画はいかがなものか……」などとは考えておらず、いかにネットユーザーがおもしろがるか？　を考えているのだ。

「ニオわない靴下」である「SUPER SOX」を製造する岡本株式会社（コンドームのオカモトではない）は、「足クサ」に悩む人向けのサイト「今日もガンバレ！　足クサ男」にて、「ぷ〜んと足クサ川柳」の一般投票を２００７年から毎年１回行っている。

これは、「足クサ」「靴下」「足もと」に関する川柳を一般から募集するコンテストで、第

1回目には7783句の応募があり、グランプリは「足の裏 嗅いで思わず イナバウア」、準グランプリは「父さんが コタツ入ると 猫がでる」「新幹線 異臭騒ぎは オレの足」となった。

第2回は8960句のなかから「洗濯機 『まぜるな危険!』の 妻の文字」がグランプリとなり、第3回は12587句のなかから「草野球 スパイク脱いだら くさや級」がグランプリとなった。

サイト自体も、テキストと少女マンガ風イラストのみで構成されており、軽くて読みやすい。コピーもまったくユーザーに媚《こ》びておらず、「人生生きてりゃ足クサもあるってもんよ。だから何だってんだい!」と挑発的である。

こんな企画を考えること自体、もはや「企業としての体面」など完全に捨て去っており、商品のPRをB級テイストながらもしっかりとしつつ、ユーザーに遊んでもらうことを意図しているのは清々《すがすが》しくもある。

だが、情報がまるでないわけでもなく、「足クサさらば! 『足が臭い!を解消する』7つの方法」のようなお役立ちコーナーもある。しかし、そこでもB級臭がただよっており、牛乳瓶厚底メガネの医学博士風キャラクターが登場し、「こんにちは! 私は、元国際消臭研究所の職員である、【草内（クサナイ）】です。クサナイ博士、とでも呼んでいただけるとよろしいかな?」と、ここでもフザケているのだ。

そして、第1回目のコンテスト後にはオチがついた。本来、SUPER SOXは「入選」を獲得した10名にしか発送されないはずだったのだが、句を応募した人全員に突然SUPER SOXと手紙が送られてきたのである。

その手紙には、「皆様から寄せられた川柳作品全てに目を通した弊社社長の岡本より、『応募下さった皆様にお礼を兼ねて是非SUPER SOXを履いて頂きたい』という強い要望で、お送りさせて頂いている次第でございます」とあった。

なんとも美談であり、このことに対してネットでは「律儀な会社」などと書き込まれ、企画そのものとその後の会社の対応は高い評価を受けたのだ。

さらにこのキャンペーン、さまざまなニュースサイトから取り上げられ、たとえば「エキサイトニュース」では、「サラリーマン川柳を超える!?『足クサ』川柳」と称されるほどだった。

個人のブログでも、「面白い『川柳』こんなのがありました!『足クサ川柳』超爆笑もんです!」「足クサ川柳ってのを考えた人もナイスッ!」「足クサ川柳、切ないですよ……」などおもしろがる人々が勝手に書いていた。そして、「知り合いの足の匂いを嗅ぐのは嫌だが、見ず知らずのものならOKだとおもってしまう」など、この話題をきっかけに「足のニオイ」について考察をくり広げる人も出てくるなど、ちょっとした広がりを見せた。

何よりも、このキャンペーンはユーザーが楽しんだことと、キャンペーン自体が各種ニュースサイトから報じられたのがエライ！　大企業にこれができるか、エッ！　と言いたいのである。

だが、大企業や役所でも、ネットユーザーの嗜好に合わせた秀逸な企画はいくつかある。モテモテになる（?・）フレグランススプレーの「AXE」（ユニリーバ）のサイト「THE AXE EFFECT」、「暴君ハバネロ」（東ハト）のサイト「暴君ハバネロ特区」、そして2009年度の佐賀県庁の人材採用ホームページはなかなかバカらしく、これは訪れる価値がある。ネットのことをよくわかっている人が作っている。

いや、これらの場合は、大組織ながらこの企画にGOサインを出した上司がかなりエライ！

ネットでブランディングはできない

さて、ここまで見てきて、ネットでウケるものが、企業が言うところの高尚な「ブランディング」といかにかけ離れているかがわかっただろう。

いや、ブランドは作れる。ただし、「SUPER SOX」や「ＡＸＥ」「暴君ハバネロ」のようなおもしろい商品限定だが……。

かつて私は、高級日本酒のブランドサイトの文章を書くライターをしたことがあるのだが、このサイトのＰＶが壊滅的に低かった。サイトを見るには、一回その日本酒を購入し、そこに書かれてあるＩＤとパスワードを入力する必要があったのだ。これは、会員限定にすることによって特別感とプレミアム感を出すこと、そして、ネットプロモーションをする際の常《じょう》套句《とうく》である「会員を囲い込むことによって、ロイヤルユーザーに長きにわたってファンになってもらう」ことを目的としたのだが、完全に裏目に出た。

もともと商品購入者がそれほど多くなかったことと、内容があまりにも商品コンセプトに寄りすぎていたのである。

スタッフが最重視したのは、ブランド全体の世界観を雑誌広告や新聞広告、ウェブサイトすべてに反映させることだった。そのため、会議の時間はやたらと長いうえに何事も決まるのが遅く、検討に次ぐ検討だらけで、内容はあまりに高尚になりすぎた。

通常より数百円高い日本酒を買う人がターゲットだからといって、べつにロマノフ朝の調度品の話を書く必要はないし、100グラム1万円の牛肉の話を書く必要もないのである。

企業が定義した「高感度で本当に良いものを知っていて、良いものにはお金を多く払うことを厭わない会員」にしたって、本当に好きなものはプロ野球かもしれないし、ふだんは公営のプールで泳いでいる、ちょっとだけおいしいものが好きな人かもしれないのだ。1000万円するメルセデス・ベンツの購入者に会報誌を送っているのとは違うのである。

だが、私たちは会員に対し、ベンツ購入者向けの情報を送り出しすぎてしまった。しかも、ネットで。「会員囲い込み」は幻想である。アニメやテレビドラマ、芸能人など、完全に感情移入できる商品や、超高級車や超高級マンションのように多額の金をつぎ込んだ商品を除き、そこまでひとつの消費材に対して感情移入できるものではない。

どうも企業は「ブランド」を消費者に押しつけようとしすぎている。私も広告代理店時代に、「コンセプト」だの「消費者のインサイトを刺激することば」だのを作るために、7～8時間も15人以上の社員が雁首《がんくび》突き合わせる会議に何度も参加したことがある。

だが、そこで何を考えようが、結局、消費者にその意図がうまく伝わるものではない。一本のコピーを書くのに何人ものスタッフがとんでもない量の時間をかけて考えようが、消費者が気にしてくれるのは、どのＣＭタレントを使ったかであり、価格なのである。

しかし、広告制作の世界では、「考え抜くことが重要」との風潮がある。その考え抜いたレベルが消費者にとってあまりにも複雑であろうが、どう評価されようが、制作者（クライアントと広告代理店）の間で「考え抜いた」共通体験と合意があれば、仕事はなかば終わったようなものだ。

ネットでブランドを作りにくい理由は、ネットユーザーが企業のメッセージなど気にせず、価格と効果を知ることを期待しているからである。価格比較ができる「価格ドットコム」や化粧品のクチコミサイト「＠コスメ」、そして「ヤフーオークション」がここまで隆盛なのが、それを物語っている。

クリックという行為は、局数の限られているテレビのザッピング以上にお手軽にできる行為である。そこでは、ユーザーの目にとまる何かがなくてはいけないのだ。悠長に「ネットでブランドを長期にわたって作っていく」などと言っている余裕はないのである。

さらに、ブランドというものは企業にとってあまりにも重要なもののため、ブランド構築に関連した施策を行う場合、社内各所の稟議を通す必要があり、おいそれとパンフレットやウェブサイトなどを一担当者の一存で作ることはできない。

だが、ウェブサイトというものは、更新すればするほどPVが増えるわけで、そんなまどろっこしい手続きを踏んでいては更新さえできず、すぐに過疎化する。コンセプトを作り、コピーをひとつ書くのにも1カ月の検討期間を経て、それから社内稟議を通すようなスロー感では、やっていけないのである。

そもそも、多くの人の目を通った無難でつまらないものがネットでクリックされるわけがない。

その点、ルイ・ヴィトンのウェブサイトは正しい。彼らは高級ブランドであるがゆえに、大衆メディアであるネットでブランドを構築しようとまったく思っていない（と思う）。

あくまでもウェブサイトは、顧客にとって最低限必要な情報である「ヴィトンについて」「ヴィトン新作」「コレクション」「ショップ情報」「ヴィトンの動画」をシンプルに掲載する程度である。彼らは、ブランドとは、雑誌と店舗とコレクション（ショー）で作るものだと割り切っているのだろう。

ネットでブランドを構築するのは難しい。なぜなら、企業や商品のブランドとは、キレイでカッコ良くおしゃれなものを目指していることが多く、それはネットユーザーの嗜好に合っていないからだ。
テレビを見てはブログに「キャー、小栗旬クンかっこいい！」と書き込み、その日食べたラーメンの写真をアップし、投票企画を行えば「好きな妖怪は美輪明宏」などとおもしろおかしく書く人——つまりは自分の身の回りのことを考えるのがもっとも重要なことで、自分の楽しみのためだけにネットを使っている人の心に、企業がそこまで介入できるわけがないのである。

ネットを、企業の考えを一方的に押しつける従来の「媒体」と捉えてはダメだ。くり返すように、ネットはあくまでも自由な「雑談の場」。人々が居酒屋で交わす会話をコントロールできないのと同じで、ネット世論だって強引に変えることはできない。

その雑談に「あのぉ、こんなおもしろいネタあるんっスけど、どうっスか？」と控え目に入るくらいがちょうど良いのである。それを、「我がブランドを理解しろ！」「この世界観、すごいでしょ、ネッ、ネッ！」とやるのは完全にＫＹである。

２００８年６月、すかいらーくグループが、傘下の「すかいらーく」「ジョナサン」「ガスト」「夢庵」「バーミヤン」の５つのファミリーレストラン２６００店舗で割り箸《ばし》の使用を中止すると発表した。年間２億５０００万膳《ぜん》にも及ぶ割り箸を使用してきたものの、地球の環境保護への関心が高まっていることを受け、「エコ箸」に切り替える、ということだ。すかいらーくグループはこの発表により、エコイメージを生み出すことを狙ったと思われるが、ネットユーザーはこの件にどう反応したか？

実は、エコイメージに対してネットユーザーの多くはさほど好意的ではない。メディアに流される女性を揶揄することばである「スイーツ（笑）」と同様に、「エコ（笑）」「エコバッグ（笑）」「マイ箸（笑）」「自転車ツーキニスト（笑）」となりがちである。

そして、このすかいらーくグループの発表に対しては、「汚い」「人の使った箸を使いたくない」という議論が巻き起こったのだ。企業の意図としてエコイメージを作りたいと思っても、ユーザーは「人の使った箸って汚いんじゃね？」と、エコとはまったく関係のない正直な感想を容赦なく述べる。

ここに見られるように、企業の勝手な押しつけ論理は通用しないと思ったほうがいい。

また、ブランディングについては、大企業のネット担当者にも同情の余地はある。大企業では、ネットの宣伝担当者はブランド担当者よりも立場が下のことが多く、ネットで独自の活動をしようとすると、テレビの担当者や大本のブランドマネジャーから「ブランドの世界観を崩すつもりか！」などと怒られてしまい、結局はブランドの世界観をそのままネット戦略にも当てはめざるをえないのである。

ここ数年流行っている「続きはＷｅｂで」ＣＭだが、どれだけ効果があるのだろうか？

これは、テレビとネットのメディアミックスと解釈されているが、結局は、テレビにフィットする世界観を「擬似テレビ」としてネットに当てはめているだけのような気がする。

これではネットの「見たいものをクリックする」「そこから先に興味あるものがつながっていく」という特徴をさほど活かしておらず、「カネがかかるテレビでは30秒しか言えなかったけど、ネットだったらいくらでも言えるから、ネットに動画をアップしよう」という使い方にしかなっていない。そして、「広告を広告する」というナンセンスな作りになっている。

これは、「見たいものをクリックする」ネットユーザーの特徴を理解しておらず、彼らが好きなものをないがしろにしているのだ。

これではブランディングなど夢のまた夢、好意形成すら難しいだろう。ショートムービーも流行っているが、そもそもテレビＣＭの段階で宣伝臭がプンプンするものを、わざわざパソコンを立ち上げ、サイトへ訪問し、長時間かけて見るのは苦痛である。単なる出演タレントのプロモーションビデオ的な内容にせず、きちんとした商品の宣伝に仕上げるというのは、広告制作としてはかなりレベルが高い。相当優れた脚本を用意する必要がある。

ブランドの世界観をネットも含めたすべての場所に反映させようとすると、あまりにカネがかかりすぎるし、ムリが生じてくるのだ。

以前、某大企業の人から自慢をされたことがある。「ついにスタッフブログのPVが一日400になりました」と。その会社は工場見学に力を入れているのだが、その工場のスタッフがブログを書いているのである。

だが、上司と広報の検閲を受けたつまらないネタしか出ていないため、クリックされるわけがない。PV400を獲得するためにどれだけの人件費を使っているのか……。「情報公開の時代ですから、ブログくらいはやらないといかんですなぁ、ガハハ」という体面を取り繕《つくろ》うためだけに実に多くの人件費をかけているものだ。しかも、PV400のうち、かなりの割合が社内関係者だろう。

ここで結論を言うと、ネットでバカなこと、B級なことができないのであれば、ネットでは最低限の情報公開を除き、何もすべきではない。クリックされず、さらにリスクを恐れている状況では、ネットを使いこなせるわけがないのだ。

だったら、企業はどのようにしてネットを活用すればいいのだろうか?

答えはあまりにもシンプルすぎるが、Ｗｅｂ２・０だのバイラルだの言わずに、ただ良い商品を作り、おもしろいイベントを企画し、ステキな広告・広報活動をすることなのである。テレビがとりあえずは最強メディアとして君臨している今、ネットだけで大ヒット商品を作るのは難しい。何かプロモーションをしたい場合、これまでの既存マス４媒体と屋外広告・イベント等にネットをいかに組み合わせるか、ということを考えたい。

ネットだからといって特別視するのではなく、ふだんの企業活動をキチンとやり、「あ、これはネットに向いているから、ネットでやってみるか」とそのつど判断するだけでいいのだ。「マスに出すだけのカネはないからネットで何かやろう」「とにかくネットで何かをやりたい」と考えるのではなく、「これはネットに向いているから、ネットで何かをやりたい」と考えるべきなのである。

そして、ネットに対する正しい理解を持ち、「ユーザーはみんな善人で、企業のことをホメてくれ、販促の後押しをしてくれる」という性善説に立った考えを捨てることだ。

とにかく現在は、企業がネットに過度な幻想を持ち、ユーザー特性をわからなすぎである。こんな状態で「ネットは効果がない」などと言うのは間違いで、「それは我々が使い方を間違っていたからだ」と認識し直す必要がある。

第5章　ネットはあなたの人生をなにも変えない

第1章から第4章まで、「ネットヘビーユーザーの正体」「ネットユーザーとのつきあい方」「既存メディアの現状」「企業とネットのかかわり方」についていろいろ見てきたが、まだ奥歯にものが挟まったような感覚を持っている。何かが気持ち悪い。

いったいそれが何なのか。この章ではそれを総括していきたいのだが、ひとつ言えるのが、「ネット」ということば、いや、「ウェブ」でもかまわないが、これらに対して過剰なる思いを多くの人が持っているということだ。

ネット関連本を読むと、第一の革命は「農業革命」であり、第二の革命は「産業革命」、そして現在のネットのある生活こそ第三の革命「情報革命」である、などと書かれている。そんな人類の歴史上特別な時代にいると言われている今、私たちは「何か」を成し遂げることを期待されているのかもしれない。

だが思うのだ。

いくらネットが発展しようが、それでも人はトイレに行くし、夜になれば眠くなる。そして、好きな人を見ればドキドキする。愛する人に死なれたら、狂ったように泣きたくなる。

「ロングテールの法則」や「CGM」、「バイラルマーケティング」など、ネット時代特有のチヤホヤされたキーワードを論じる文章を読んでいると、あたかもネットというものは、テクノロジーに準じたもの、つまりは技術決定論的であり、人の血が通っていないものであるかのように見える。

「ネットにより、このようなことが自然発生的に起こりました」「ネットがあるとこんな社会的変革が起こります」「ネットはこんなことをもたらします」「ネットはおのずと企業に変革を要求してきます」という論調が多すぎるのだ。

そこでの主語は「ネット」である。ネットに命令される人々の姿がそこにはある。他にも、こんなことばによって「人間味」が希薄化されていく。

「CGM――自然発生的に人々の意見が形成されていく」
「ネットの闇の深さが感じられる事件です」
「ネットVS.リアル」
「クチコミでネットに自然に情報が流れていく」
「ネットでは自動的に情報が生成されていく」

『宣伝費をネット広報にまわせ』（時事通信社）は、5人のネットのエキスパートが、ネット時代に企業のプロモーションがいかにあるべきかを記した本であり、最先端の事例や理論が多数書かれている。この本は、現在のネットに対して「最先端」の人々が抱くポジティブな空気にあふれている。

第4章「未来へのロードマップ」には、「テレビCMは崩壊しつつあるのだろうか?」という項があるのだが、かつて典型的な日本の家族は「父親が会社から帰宅するころ、母親が夕食の用意を終え、家族団らんの食事の場には必ずテレビの存在がある」としたうえで、テレビが持っていた圧倒的な力と高い広告価値を説明する。

そしてこう続ける。

「しかし、今や、消費者の行動は予測できないほどにさまざまだ。携帯電話（ケータイ）しか使わない高校生、アルバイト中心の生活でテレビを見なくなった大学生、新聞を持ち歩かないビジネスマンたち、従来のメディアとは比較できないほどの情報量を求めネットにアクセスする消費者。そして、その受け皿としてのインターネットにはテレビにおける番組にあたるサイトの数が有象無象に存在している。相対的にマスメディアの価値が低下するというのは当然の帰結だ。この行動様式の多様化と、メディアの多様化が同時に起こっている。米国では、マスからターゲットメディアへの予算シフトが著しく、業界によっては半分以上をインターネットにシフトしているところもあるという。

この説明に続き、「これまでのマーケティング手法が効かない」→「ＡＩＤＭＡからＡＩＳＡＳへ」という流れの説明に入るのである。

ＡＩＤＭＡとは、昔から広告業界で使われている消費者の行動パターンの説明であり、「認知（Awareness）」→「興味（Interest）」→「欲求（Desire）」→「記憶（Memory）」→「購入（Action）」の流れになっている。一方、ＡＩＳＡＳとは、ネット時代以降に提唱されている概念で、「ＡＩ」は「ＡＩＤＭＡ」の「ＡＩ」と共通。「ＳＡＳ」は「検索（Search）」→「購入（Action）」→「共有（Share）」のことである。

だが、この文章を読んでよくわからないのが、自分が小中学生だった22〜30年前、私も含め周囲には母子家庭が多かったし、夜には年長の兄弟は受験の準備をすべく塾へ通っており、「テレビを中心とした家族の団らん」なんてすでに珍しい光景だったということだ。

それに１９９７年、私が博報堂に入ったときから、「これまでのマーケティング手法が効かない」はすでに言われていた。80年代入社の人も、「これまでのマーケティング手法が効かない」と言われ続けてきたという。

90年代後半当時、もてはやされていたのは、「いかに広報と連携するか」「いかに屋外広告・イベント等のSPと組み合わせるか」「社長メッセージをいかに効果的に発信するか」だった。

そして、「マスだけでなく、博報堂の総合力を見せるプレゼンをしよう」と営業部長が言い、マーケ（マーケティング）、制作（マス広告）、SP（屋外広告やプレミアムグッズ等）、そして私がいた部署であるPR（記者発表会やプレスリリース、テレビへの〝仕込み〟等）の4部署が合同で「これまでのマス一辺倒のマーケティングは今の賢く、多様な価値観を持った消費者には効かない。4部署が有機的に連携したトータルキャンペーンを我々は行おう」といった話をしていたのだ。

今では、「マス、屋外、PR、そしてネットのバイラルマーケティングを踏まえた総合的なマーケティングプランを作らなくては、今の賢い消費者には『刺さらない』」などと言われる。

このように、消費者は常に「最近の消費者は賢い」と言われ続けてきたのだ。いつの時代も若者が年長者から「近頃の若い者は……」と言われ続けているように。

マーケティングの世界では、90年代以降、「トータルキャンペーン」や「これからは広報の時代だ」「ライブマーケティングだ」など、マス広告に何を絡《から》めるかを常に模索してきたところがある。

決定打がないまま、大手広告代理店や研究者は、「消費者のインサイト」「タッチポイント」「コンタクトポイント」「情報戦略」「ＡＩＳＡＳ」などの用語を生み出し、さまざまな「新時代のマーケティングのあり方」を提示してきた。

そして、「情報革命」の担い手であるインターネットが普及しはじめると、もはやここから逃れられることはないとばかりに90年代後半以降、マス広告にインターネットを加味したマーケティングプランが求められるようになった。今もこの流れは変わっていない。マスがありつつもインターネット、という場合や、インターネットオンリーのこともある。

１９９８年、私は企業のホームページを作る仕事をやったことがある。クライアントから写真やネタをもらい、それを元にラフスケッチを描き、制作会社に発注するのだが、当時はロゴを左に微妙に動かしてもらおうとすると、制作会社が「それを１センチ動かすと５万円、１・５センチだと７万円かかりますよ」などと言い、それがまかり通っていた。営業も我々ＰＲ企画担当者も、ＨＴＭＬの原理をよくわかっていなかったのである。

単にＨＴＭＬの数字を少しいじればロゴを動かすことなどすぐなのに、制作会社は我々を素人だとナメて、そんなことを言っていたのだ。そして、そのカネを支払っていた。そのときは、「ホームページみたいに最先端のことをやってるんだから仕方がないな、そのカネも先行投資だ」と考えていた。

今ではこんな「1センチ動かすのに5万円かかる」などの方便が通用するわけはなく、担当者の知識も増えてきたが、相も変わらず変わっていないのがネットへの幻想である。ネットだったら何かすごいことができるのかも、爆発的な何かが生まれるのかも、この10年間はそんなことに多くの人が翻弄されてきた。その幻想が生まれる理由はただひとつ。

みんなネットのことをよくわかっていない

からである。

「テレビは終わった、人々の嗜好は細分化されている」「賢い消費者は企業の言いなりにならない。人々の正直なクチコミをより重視すべきである」「これからはＡＩＤＭＡではなく、ＡＩＳＡＳだ」「消費者の声に耳を傾けろ。そうでなくては企業は生き残れない」――マーケティングの世界ではこれらがあたりまえのことばになっているが、これらを聞く度にいつも、「お前らはああだこうだ言うけど、でも商品なんて、欲しけりゃ買うよな……」と思ってしまう。人間はもっと正直だと思うのである。

研究者や専門家が「人間はこう行動するのだ！」「ネットは人をこう変えるのだ！」と数々の証拠を提示しながら高らかに宣言したとしても、毎日ドロドロとしたネットユーザーの正直なホンネと向かい合ってＰＶ稼ぎに奔走せざるをえない「ＩＴ小作農」の身としては、「いや、あなたたちが思っている以上に人間って単純だし、正直だから（笑）」「いや、マーケティングが効かないのは、単に商品が増えただけのこと。昔は『炭酸飲料』はコーラとスプライトとキリンレモンとファンタと三ツ矢サイダーしかなかったから、そりゃ炭酸欲しいヤツからはどれも売れただろうよ（笑）」と思ってしまう。

私はひねくれた人間であると自分でも認識しているが、それの大きなきっかけとなったのが、１９９２年、バブル崩壊直後の予備校通学時代に小論文講師から言われたひと言だ。

彼は、「日本が年功序列・終身雇用というのはウソだ。日本にはもともと年功序列・終身雇用なんてものはなかった」と言ったのである。

彼の真意としては、「日本の会社の特徴とされる年功序列・終身雇用は、あくまでも大企業のためだけのものである。こうやって国立大学へ行こうとしている君たちのお父さんは大企業の人が多く、終身雇用が約束されているだろうし、日本の企業が終身雇用だと報じるマスコミも大企業だ。でも、日本の企業の99・7％は中小企業であり、そこでは年功序列・終身雇用などはもともと存在しない。『日本企業の特徴』について語るときに年功序列・終身雇用は耳通りが良いのでよく使われるだけ」ということであった。

これに全面的に同意するわけではないが、「通説は必ずしも正しくない」ということだけは、彼のこの発言から汲み取ることができた。

その頃は不況の時代で、「これからは年功序列・終身雇用の時代ではない」ということばが流行り、「日本は年功序列・終身雇用の良い時代が厳然として存在していた。それと比べると今はたいへんな時代なのだ」という社会通念が確固たるものとなった。

1998年、山一證券破綻に代表される金融危機があったときも、「リストラ」ということばが流行り、同様に「これからは年功序列・終身雇用の時代ではない」ということばが再度流行った。

2008年、再びリーマン・ショックで世界的不況になり、日本でも「派遣切り」の問題が出るとまたもや、「もう年功序列・終身雇用なんて言ってられない」とテレビ・新聞はしきりと喧伝した。

このように、不況になり、首を切られる社員が出ると、常套句のように「年功序列・終身雇用は終わった」と言われるのである。そして、居酒屋ではサラリーマンが「年功序列・終身雇用なんて言ってられねーよな。仕事があるだけマシだよ」と話をし、就職活動中の学生も、企業の人事部から「これからの厳しい時代、年功序列・終身雇用に期待しないでほしい！　自ら道を切り拓く能力のある人が求められる！　実力主義です！」などと言われる。つまり、ここ20年ほど延々と、「年功序列・終身雇用の時代は終わった」と言われ続けているのである。

ネットにもこれと同じことが言える。

「ロングテールの法則に見られるように、ネットは細分化された人々の嗜好に対応している」「人々の多様な生き方にネットは対応している」「ネットにはこれまでのメディアとは比較にならぬほど膨大な量の情報がある。それを、賢くなったユーザーが自発的に選択しているのである。そこで選ばれなくてはいけない」といったマーケティング寄りの話に加え、「ネット上のコミュニケーションはすばらしい」「ネットはこれまで出会う可能性のなかった人々をつなぎ合わせた」「ネットの集合知」などとしたり顔で言われると、「本当かよ？」と思ってしまうのだ。

それは常に識者が言うところの「これからは〇〇の時代」の予想がまったく当てにならず、将来的に後付けで「あの時代は〇〇の時代」といった分析がされて興醒《きょうざ》めすることと共通する。

80年代中盤にはマーケティング業界で「これからは大衆から分衆の時代だ」と言われて、人々の細分化された嗜好に対応したマーケティング活動が求められた。だが、「大衆から分衆」とは、ネットがほぼ全国に流通した現在の「多様化された人々の嗜好」とまったく同じことを言葉を替えて言っているだけである。

そして、「完全実力主義の時代が来る」と、「リストラの嵐が吹き荒れた」とされる90年代後半の金融不況のあとは言われたが、そんな時代を経ても相変わらず大企業（特にマスコミ系）の40代後半以降の出世街道から外れた社員は会社で暇そうにしている。

某老舗映画配給会社では、ずっと席に座ってPCゲームの「ソリティア」をやっている定年間近風サラリーマンを見たことがある。同社内でのアポの時間に相手が遅れており、私はボケッと2時間ほど執務室内のイスに座ってさまざまな風景を見ていたのだが、若者が忙しそうに働くなか、彼のいる風景はそこだけ時間が止まったかのように浮いていた。

そして、彼にとってその２時間のハイライトは、オフィスに貼られた貼り紙を見ることと、トイレに行くことのようだった。貼り紙を見て「ホォ〜ッ」と感心しては、頷《うなず》いているのである。あたかも誰かに「自分は会社のことを考えているんだよ」とアピールしたいかのように。

某大手出版社の図書室へ行くと、キチンとスーツは着ているものの、新聞を読んでいるだけの50代男性社員がいつもいる。大手新聞社にも、午前中に１本、午後に１本、かつてつきあいのあったメーカーの人に電話をして、「山ちゃん、何かおもしろいネタないの？」と言うことだけが仕事の人がいた。そして、何もネタがないと、「あいつもガタがきたか……ロクなネタ持ってねぇ」などとポツリとつぶやくのだ（私は無職時代にこうしたマスコミ会社で単発バイトを頼まれることが多かった）。

夕方５時半頃にＪＲ山手線の田町駅芝浦口や新橋駅烏森《からすもり》口周辺を歩くと、一次会はもう終わったのか、すでに真っ赤な顔をした50代サラリーマンが数名で楽しそうに歩いている。各所のパチンコ屋を覗いても、平日昼間は営業途中風のスーツ姿のサラリーマンが必死に台にかぶりついている。ネットカフェは日中から昼寝をしているサラリーマンや風俗店のサイトを見ているサラリーマンだらけだし、これのどこが「完全実力主義」だ？　と思うのだ。

だが、人間なんて正直に行動すればこうなるのである。ある程度報告できるだけの成果がすでに上がっていれば、少し暇な時間ができたとき、その時間も必死に飛び込み営業をするのではなく、ネットカフェで漫画を読みたくなったり、風俗店のサイトを見てこれから行く風俗店の下準備をしたり、クーポン券をゲットしたくなるだろう。

若い世代がバリバリ働いているなか、中高年はやや疎外感を感じつつも、「昔オレもさんざん働いたからな……。パソコンもよくわからんし」ということで、中高年同士つるんで定時には飲みに行くこともあるだろう。

これでいいのだ。これは正直な行動であり、これはこれでいいのだ。はっきり言って彼らは会社に稼ぎをもたらしていない。だが、会社全体が正常に回っている状態であれば、それでいいのだ。本当に会社がマズい状態だったら首を切られる。彼らが図書室で新聞を読んでいたり、勤務時間中にパチンコをしていられるのも、大問題が起こっていないことの証明であり、それでいいのだ。

「これからは完全実力主義の時代が来る」といった専門家の指摘は、どこか他人事で現実に即していない。何しろ、実力のある人しか会社が雇用しないのであれば、それこそ5割の社員は首を切られてしまうだろう。「実力主義」ということばにはまったく現実味がないのである。

それと同様に、専門家がネットの可能性について語るときも、決まってポジティブにネットの可能性を説くか、負の部分をことさら強調するのである。この他人事で現実に即していない様子が、私には気持ち悪いのである。

ネットというものは、もっと「素の人間」がかかわるものだし、「バカ」もたくさんいる。何か発言すると、不快に思う人が出て、その人にいかに対応するか？　どうすればみんなが楽しむコンテンツを作れるか？　を考えなくてはならない。

ネットユーザーに対し、ずぶずぶと深みに入り込んで対峙《たいじ》している人間にとって、「ネットユーザーは細分化された嗜好を持っているため、それに対応したコンテンツを作る必要がある」やら「我が社の商品のファンになってもらい、クチコミで広めてもらう」などはまったく他人行儀がすぎる。

ただ、難しいことを考えるまでもなくドロドロとした人間と対峙し、ときにクレーム対応もしなくてはいけないのだ。お礼を言われたりホメられたときはただただ嬉しい、と思うだけでいい。

そもそも、「ネットによって人々の嗜好・生き方が細分化された」というのはウソである。

人々は圧倒的な集客力を持つヤフージャパン・トップページの「ヤフートピックス」で同じニュースを知り、そこからヤフーの担当者が貼ったリンクへ飛んで、さらに情報を得る。そのサイトへ飛ぶ人が多いものだから、サーバーが「混み合っております」状態になる。

検索をするにしても、グーグルやヤフーの上位10件以内に表示されたサイトへ飛び、何かものごとを調べるにあたってはウィキペディアをまずはチェック。ユーチューブやニコニコ動画で流行っている動画は、それこそクチコミで広がっていく。

書籍の購入に迷ったときは、アマゾンの人気ランキングをチェックし、評価の高いレビューを読み、購入判断をする。ブログ、ミクシィ、GREE、モバゲータウン、カフェスタ等の日記機能を使う人は、多くの人が知っているテレビネタや時事ネタの感想を綴っており、それらポピュラーなネタがますます増幅する。

2ちゃんねるでも多様な意見などはあまり出ず、誰かを叩くときはその流れが一方向になる。食べ物についても、人気ブログでの評価や、「食べログ」などクチコミグルメサイトの隆盛により、おいしいラーメン屋、おいしいホルモン焼き屋、おいしいカレー屋について、もはやネットでの雌雄《しゆう》はついている。

「東京都中央区月島のおいしい焼き肉屋」などは、「月島　焼き肉」とグーグル検索をかければ、何軒かの有名店による寡占《かせん》状態を見ることができる。

これは、「モツ煮込み」に関しても同じである。「東京　モツ煮込み」で検索をすれば、すぐに「東京三大モツ煮込み」が出てきて、それが「岸田屋」（月島）、「大はし」（北千住）、「山利喜《やまりき》」（森下）であることがすぐにわかる。「おいしい煮込み」の話を友人としていても、結局はこの3軒の話になってしまう。

そして、「岸田屋はグルメ漫画『美味しんぼ』で紹介されていた」「大はしは肉豆腐も絶対に頼むべし」「フレンチ出身の三代目シェフがいる山利喜では、ガーリックトーストを一緒に頼むと良い。味付け卵も美味」などと、ネットでさんざん書き込まれていることを自分か友人のどちらかが必ず言うのだ。

これのどこが「行動様式の多様化」だろうか。ヤフーを筆頭とするメガサイトの圧倒的集客力と、グーグルによる検索結果に従うことにより、ネットは人々をより均一化したのである。もはや知識の差別化はネットではできない。

90年代後半はチェーンメール隆盛の時代だった。会社でパソコンを使っている人の多くは、「痛みを表す世界共通の単位が、鼻毛を一本抜いたときの痛さを表す『hanage』になった」や「ドラえもんの最終回」などを見たことがあるのではないだろうか。

このときも、「ドラえもんの最終回知ってる?」などと話し、「知ってる知ってる! のび太が天才科学者になるんでしょ!」となり、「知らない」となれば、「じゃあ、転送してあげるよ」とやっていたことを記憶している。

そのときと違うのは、選別されたネタが強制的にメールで送られてきたのに対し、今はテーマ設定をしたうえで自ら検索で探しに行っていることである。だが、結局はグーグル先生によって選別されたネタを強制されているだけであり、均一性においてあまり違いはない。

ネットは興味あるネタを深く知る機会を与えてくれた。だが、同じ興味を持つ人にとっては、グーグルの検索は誰にも同じ結果をもたらすため、知ることのできるネタは同じなのである。

細分化された興味・嗜好に対応する多種多様な情報はたしかにネット上に存在するが、その細分化されたなかで皆が知る情報は、ネットによって均一化されたのだ。そして、なんだかんだ言って、テレビで紹介される「24時間テレビ」「藤原紀香」「朝青龍」のようなメジャーなネタであればあるほど、皆はその内容について同じネタをさらに詳しく知ることとなる。

情報チャネルが増えたからといって、それは多様化をもたらすわけではないのだ。

第3章で「テレビ↓ネット検索」の流れは説明したが、2008年、USENが同社に寄せられたリクエストやオンエア実績に基づいて発表した「2008USEN年間ランキング」1位は、GReeeNというバンドのヒット曲『キセキ』であった。そして、第一興商が発表した「2008年の年間カラオケランキング」の楽曲ランキングで1位になったのも、同様に『キセキ』だ。music.jpが発表した2008年の「着うたフル」ダウンロードランキングで、『キセキ』は2位になった。

同曲は高校野球をテーマとしたテレビドラマ『ROOKIES』（TBS系）の主題歌になり、毎回番組で流されることとなった。TBSでは2009年正月に映画の告知も含めた再放送をオンエア。ドラマ中でも、映画の告知CMでも、『キセキ』は何度も流れた。2009年のセンバツ高校野球の入場行進曲にさえ選ばれた。

結局、『キセキ』はチャネルに限らずありとあらゆる場所で流れ、ヒットするようになり、均一化現象はここにも表れている。

これと同様に、ネットがあるからといって駄作が続々と大ヒットする現象は起こっていない。「ネット発大人気お笑い芸人」「ネット発大人気落語家」「ネット発大人気役者」も登場していない。ネットだからすごいのではなく、良いものは良い、良いものだからすごい、それだけなのだ。

もうひとつ、「ネットの社会はものすごいスピードで動いている」という説があるが、これも誤解である。もちろん、そのときに語られるネタはおそらく1週間後には風化しているだろう。「オナホ王子」やら「テラ豚丼」について語る人はもはやいない。

たとえば、2009年1月12日段階のネットでもっともアツく語られたテーマのひとつは、おそらくテレビ朝日の『情報整理バラエティー ウソバスター！』の「番組に登場したブログの仕込み事件」であるが、これも数日で消えた。

これについて詳しく語る必要もない。興味があればグーグル検索をしてみればいい。キチンと「まとめサイト」もできていて、この事件の顛末についてはいつでも知ることができる。

日々事件が起こっては、それに対し徹底的に調べる人がいて、次のネタを血眼で探し、それを消費して飽きたら次のネタを探す。そういった意味で、ネット社会はものすごいスピードで動いている。だが、これは何も生み出さない。暇つぶしの材料を与えるだけである。

第1章で私は、「ネットで叩かれやすい10項目」を提示し、第2章では「ネットでウケる9項目」を提示した。実はこれ、私がネットニュースの仕事を開始した2006年夏、いきなり数々の失敗をした1カ月後にすでに完成しているのである。それから追加できるネタは特に発見できず（細かい点はあれど）、2年半にわたってリストはまったく更新されていないのだ。

それだけニュースサイト編集者として、新しい発見をこれ以上するのは難しい（私の感受性やアンテナの低さの問題もあるかもしれないが……）。自分の編集方針も開始当初からほとんど変わっていない。変わったのは、「あまり外野の意見を聞かないようにする」「人を叩くことはやめる」方針になった程度である。

２ちゃんねる管理人の西村博之氏は、前出『２ちゃんねるはなぜ潰れないのか？』で、ネットの進化について述べている。

「インターネットにまつわる技術の進歩について、さまざまなことが論議され、すごいことになっているのではないかと騒がれていますが、本来の技術という面からインターネットを見てみると、普及し始めた’95年、’96年以降、目新しくて素晴らしいという技術は、あまりないでしょう。通信速度が上がったことや、フラッシュによる映像が奇麗になったくらいのものです」としたうえで、「（前略）昔からあったさまざまな技術を、さまざまな営業的サービスを駆使して見せ方を変え、売っているだけにすぎないのです。デザインがオシャレだったりするだけで、僕は、それ以外ないと思っています。なぜなら、インターネットの基礎的な技術は、既に開発が終わってしまっているからです。今後インターネット技術では発明は生まれないでしょう」と断言しているのだ。

こんな意見がある一方で、次から次へと発刊されるネット関連プロモーション本やマーケティング本は、ネットの技術がいかに進化し、人々の嗜好がめまぐるしく変化しているかを滔々《とうとう》と説いているが、もうそろそろ「進化」を煽《あお》るのはストップしないか?

かつて私たちは電話にどれだけの進化を求めただろうか。とりあえずベルが鳴って話せればいいと思っていたはずだ。その後、留守番電話とキャッチホンが生まれたが、固定電話の進化はほぼこれで完結した。あとは遠距離電話・国際電話の音が良くなり、安くなった程度である。FAXに至っては、登場当初からほとんど何も変わっていない。

だが、それに対して大きな文句は出ないし、進化を求める声も特に出てこない。それなのに、「第三の革命——情報革命」の立役者である(らしい)ネットには、常に進化と夢を求め、過大な期待をしてしまうのだ。

ところで、過去何十年にもわたり、洗濯用洗剤は進化し続けていることになっている。25年前、小学生だった私は、「当社従来製品比」で汚れがより落ちやすくなった洗剤のCMを見ていた。同じブランドの洗剤は最近でも市場に流通しているが、相変わらず「当社従来製品比」のCMはときどき登場するのである。

「おい、洗剤、お前らはいったいどこまで進化するんだよ！　つーか、オレがガキの頃だって、オレが着ていた服は十分キレイだったし、いいニオイがしていたぞ！　これ以上進化したら、洗濯物が透明になるまでキレイにしなくちゃいけないんじゃね？」と正直思う。だが、「当社従来製品比」で進化していなくては商品リニューアルをする理由はないし、消費者も納得して購入してくれない。

本気で「今回の洗剤はすげー、画期的！」などと思っている人がどれだけいるのだろうか。常にそれなりに洗剤には満足し、我々は日々生きてきたのだ。だが、洗剤メーカーとしては、洗剤を進化させなくてはいけない。「酵素の力」や「マイクロ粒子」といった我々にはよくわからない新ネタを投下することによって、「さらに白くなった秘密」を毎回納得させようとしている。

また、少年スポーツ漫画の王道パターンといえば、「学内でレギュラーを取る」にはじまり、「隣町のライバルとの激しい争い」→「地区大会での激闘」→「県代表の座を狙う熾烈《しれつ》な闘い」→「全国の猛者《もさ》とのさらに激しい闘い」→「全国大会出場メンバー選抜による世界への挑戦」となる。

これも制してしまうと、あとはもはや「ロボットに支配された世界でロボットと対決」

「火星人と対決」しか残されていない。それも終われば、「太陽系トーナメント」があり、そのあとは「銀河系トーナメント」があり、続いて「白鳥座代表」や「髪の毛座代表」らと闘えるか……。いや申し訳ない、まだまだ先は長かった。

ネットも洗剤や少年漫画と同じような向上のスパイラルを望まれすぎており、新語が続々と登場したり、新技術や新サービスが次々と登場している。

それにしても、Ｗｅｂ２・０まではまだ良かったが、Ｗｅｂ２・０が確立しなかったのにＷｅｂ３・０はないだろうよ……。

なんだかんだ言っても、真の「情報革命」の担い手は、アレクサンダー・グラハム・ベルが誕生させた電話（１８７６年）である。ネットは情報革命の主役ではない。あくまでも電話を頂点とする情報革命の第二段階以後の担い手でしかない。

「遠くの人としゃべれる」という電話の機能はあまりにも画期的である。電話のない時代は、家族が死んでも伝える手段は電報しかなかった。電報であれば、家にいなくては受け取れず、不確実であり、即時性もない。電報以前は実際に行くしかなかった。「伝える」「答える」「合意する」ことにかかるコストがあまりにも高かったのである。

電話はこれを一気に解決したのだ。もはや代替機能はないと言ってもいい。

一方、ネットで可能なことは、だいたい別のもので代替できる。いっせいに忘年会の案内をメールで流すのはラクだ。だが、「連絡網」を作っておけば電話で伝えられる。忘年会の店の場所を調べるには、地図と電話があればいい。今でもネットを一切使わずとも普通に快適な生活をしている人は、高齢者を中心にいくらでもいる。

ネットは便利である。こんな便利なものは本当に珍しい。だが、電話ほどの画期性はない。ネットがない時代も日本は成長していた。高度経済成長期にもバブル期にもネットはなかった。その程度なのである。だから、その程度の期待値で良いのである。あくまでもさまざまなものを本当に便利で効率的にしてくれただけだ。電話によってもたらされた「革命」のあとに来た「繁栄」を担っている程度である。

人間が使っている以上、ネットはこれ以上進化しない。十分、我々は進化させた。もういいじゃないか。電話やＦＡＸにそれ以上のものを求めず、便利な道具として今でも重宝しているのと同様に、ネットにもそれくらいの期待値で接していこうよ。

これが本書の結論である。

あくまでも情報収集や情報伝達の効率的な道具として、インターネットはすばらしい。ただそれだけだ。それ以上のものでもなく、以下のものでもない。使う人間は、かつて電話や

FAXを使って満足していた私たちと同じ人間である。しょせんは眠くなったら寝るし、営業途中でパチンコをする程度の私たちである。

インターネットを使うようになったからといって、飛躍的に能力が向上したわけでもないし、突然変異のごとく頭が良くなったわけでもない。

相変わらず我々はご飯を食べ、トイレへ行き、恋愛をし、死んでいく。そして、人間には1日24時間しかない。睡眠を取らなければ体調は悪くなるし、ひとりぼっちだとときどき寂しくなる。

インターネットがあろうがなかろうが、人間は何も変わっていないのである。

ときにくだらなく、ときに怖く、ときに優しく、常に喜怒哀楽が存在するインターネットというすばらしき世界。そろそろ特別視をやめて、もっと便利な「道具」「手段」として、冷静に使ったり論じてはいかがだろうか。

もともとインターネットを開発した人、インターネット黎明期《れいめいき》にその発展に寄与した人々は、常人には考えられぬ頭脳を駆使し、「頭の良い人」にとって最大の利益をもたらす使い方を想定した。

インターネットがやや成熟し、一般化されたときは、「これまで才能はあるものの、既得権益を持っている者が世の趨勢を占めているなか、その才能を世から知られない人々を知らしめる」ことが求められた。

要するに、「本当は実力があるのに既得権益の壁によって認められない人々を、ネットというフェアな装置は浮かび上がらせる」ということだ。

それはある程度実現された。「こうちゃんの簡単料理レシピ」というブログの著者「こうちゃん」氏は書籍を発刊し、メジャーになった。ブログ「実録鬼嫁日記」著者の「カズマ」氏も書籍を出し、漫画、ゲーム、連ドラにまで発展した。

これらはすばらしいことだ。当時こうちゃん氏は仙台、カズマ氏は福岡在住でエンタメ業界の総本山である東京とは遠いものの、ネットの力により、東京の編集者やテレビプロデューサーから注目を受ける結果となったのである。

かくして時代は流れ、こうちゃん、カズマ両氏がデビューした時代よりもインターネットはさらに一般化した。そうなると、「普通の人」「バカ」向けの使われ方がより幅を利かせてくる。それはすなわち「暇つぶし」である。

インターネット創世期は、技術者や研究者が彼らの専門分野に関する高度なネタを共有していた。これは「頭の良い人の世界」であり、彼らが新たな知見を得ることによって、ネットの世界は確実に進化していた。

それはオープンソースでプログラムを書いたり、ネットに可能性を見出した人々がネットの特徴を活かし、さまざまなサービスを生み出していた頃の話である。

ネットは以下の分野においては他の追随を許さぬほど便利である。「予約」「検索」「価格比較」「空席確認」「地図」「路線検索」「クーポン取得」「とある分野に詳しい人の発見」「通販」……。あくまでも「機能オリエンティッド」な点については、ネットはものすごく整理された情報を吐き出してくれるので、これほど便利なものはない。

ただし、これらはあくまでも「プロがネットを相手にした結果」である。だからすごい。だが、一般人がネットを使うと途端に問題が各所で散見してくる。それは主にコミュニティや一般人の書き込みによるものが多いのだが、人が多く集まれば集まるほどヘンな人が含まれていたり、その場を乱そうとする人が出る。単にストレスを吐き出したい人も出てくる。

場を乱す人がひとりでも出ると、そのコミュニティは崩壊することもある。スマイリーキクチの件のように、バカが吐き出すウソ情報が世間に蔓延《まんえん》することもある。バカによる犯罪予告が世間を大騒ぎさせることもある。

もちろん、知的で生産性のあるコミュニティは存在するし、ネットを使ってさまざまなものを生み出している人はいる。だが、多くの人にとってネットは単に暇つぶしの多様化をもたらしただけだろう。

ネットがない時代にもともと優秀だった人は、今でもリアルとネットの世界に浮遊する多種多様な情報をうまく編集し、生活をより便利にしている。ネットがない時代に暇で立ち読みやテレビゲームばかりやっていた人は、ネットという新たな、そして最強の暇つぶしツールを手に入れただけである。

ネットが一般に広がったとき、「夢」が多くの人に与えられた。「ブログで文章を書いていれば、必ず誰かが私を引き上げてくれるはず」「このコミュニティでおもしろいことを言っておけば、必ず誰かが私を引き上げてくれるはず」などだ。

だが、これは幻想である。

結局は、リアルの世界で活躍している人が、多額の報酬を得たり、スポットライトを浴びるのである。ノーベル賞を取るような学者は徹頭徹尾、血のにじむような思いで研究ばかりしていたわけだし、選挙で勝つ人はキャリア官僚出身者が多く、スポーツの世界で超一流だった人は引退後もコメンテーター等の仕事のオファーが引きもきらずやってくる。

彼らは過去にかなり努力した人々である。ただ待っていて「いつか私の才能が認められるはず」なんて悠長なことを考えておらず、より良い人生のためにがむしゃらに勉強をし、さまざまな場所に顔を出し、トレーニングをおこたらず、そして、営業をしたのである。

私はＳＭＡＰは好きだが、大ヒットした『世界に一つだけの花』という歌に対してはかなり懐疑的だ。あの歌は、「ひとりひとり違っても良い」「ナンバーワンよりオンリーワン」を説き、その結果、多くの若者に無用な夢を与えた。そして、インターネットはその夢を具体化する装置であると過度な期待をされたのである。

だが、本当に能力や根性のある人間は、インターネットがなくても必ず評価をされるし、「機会がないから私はこれまでダメだったんだ」「夢さえあればいつかは叶《かな》うはず」などと言わない。そんなことを言う人には、インターネットはなにもたらさない。

こうちゃん氏、カズマ氏はたしかにネットの力によって成功した。だが今、ネット発でどれだけの人がスポットライトを浴びているだろうか？

テレビのコメンテーターだったり、講演をする人、新聞・雑誌に寄稿する「認められた人々」はどんな人か？　結局はリアルの世界で何らかの評価を得た人々が、そのステイタスを元にスポットライトを浴び、さらに良い生活を手に入れているのである。

もう、ネット発の人々がリアルの場でスポットライトを浴びる席はそれほど残されていない。錦織圭（テニス）、石川遼（ゴルフ）、青山テルマ（ミュージシャン）、田中将大（野球）といった大活躍中の若者は、ネットになど頼ることなくリアル世界の実績によって名声と巨額の富を獲得している。

もう、ネットに過度な幻想を持つのはやめよう。

企業は「ネットで商品が語られまくり、自社ファンが自然に増える」と考えるのはやめよう。一般の人は「ネットがあれば、私の才能を知り、私のことを見出してくれる人が増える」と考えるのはやめよう。

そうではなく、企業は「ネットはあくまでも告知スペースであり、ネットユーザーの嗜好に合わせたB級なことをやる場である」とだけ考えることでようやく人々から見てもらえる。一般の人は「ネットはただ単にとんでもなく便利なツールであり、暇つぶしの場である」とだけ考えることでネットと幸せなつきあい方ができるようになる。

企業も一般人も、ネットに対して余計な下心を持ってはいけない。なぜなら、もうインターネットの世界に数年前まで存在していたゴールドラッシュはないのだから。

2005年、カズマ氏が「ブログ」というキーワードで流行語大賞の特別賞を獲得して以来、同賞の意義はさておき、ネット関連キーワードで同賞を取ったのは「ミクシィ」と「ネットカフェ難民」のみである。2000年のITバブル崩壊によって、ネット関連企業への分不相応とも言える過剰な投資や高すぎる株価はもうどこかへ行った。

ネットよりも電話のほうがすごい
ネットよりも新幹線のほうがすごい

人はご飯を食べて体を育て、人と会って友情を培《つちか》い、勉強をすることによって学校へ入り、そこでさまざまなことを学び、学校を卒業することによって社会進出の礎《いしずえ》・資格を獲得し、恋愛をすることによって人生にスパイスが与えられ、性交をすることによって快感を得て子どもを作り、仕事をすることによって社会とのつながりを感じ、愛する人に死なれることによって悲しみを覚える。

私たちの人生、なんとリアルな場の占める割合が多いのだろうか。これら人生の大部分を占める要素にネットはどれだけ入り込めたのか?

大したことはない。
かなり入り込まれている人はヤバい。
もう少し外に出て人に会ったほうがいい。
なぜなら、ネットはもう進化しないし、ネットはあなたの人生を変えないから。

——ネット敗北宣言

中川淳一郎（なかがわじゅんいちろう）
1973年東京都生まれ。編集者・PRプランナー。一橋大学商学部卒業。博報堂CC局（コーポレートコミュニケーション局）で企業のPR業務を請け負う。2001年に退社し、しばらく無職となったあと雑誌のライターになり、その後「テレビブロス」編集者になる。企業のPR活動、ライター、雑誌編集などをしながら、2006年からインターネット上のニュースサイトの編集者になる。現在は編集・執筆業務の他、ネットでの情報発信に関するコンサルティング業務、プランニング業務も行っている。

ウェブはバカと暇人《ひまじん》のもの　現場《げんば》からのネット敗北宣言《はいぼくせんげん》

2009年4月20日初版1刷発行
2009年5月30日　　3刷発行

著　者 —— 中川淳一郎
発行者 —— 古谷俊勝
装　幀 —— アラン・チャン
印刷所 —— 堀内印刷
製本所 —— 明泉堂製本
発行所 —— 株式会社光文社
東京都文京区音羽1-16-6（〒112-8011）
http://www.kobunsha.com/
電　話 —— 編集部03（5395）8289　書籍販売部03（5395）8113
業務部03（5395）8125
メール —— sinsyo@kobunsha.com

 ISBN 978-4-334-03502-0